映画の料理

la cuisine japonaise à l'écran

從吉卜力動畫到《深夜食堂》、
《舞伎家的料理人》，
從小津安二郎、黑澤明到是枝裕和，
28部日本映画╳60道經典食譜

原田幸代　著
賈翊君　譯

目錄　Sommaire

映画の料理

基本料理

材料

Ingrédients

- 10cm 昆布
- 20g 柴魚片
  （鰹魚乾碎片）
- 600ml 水

日式高湯

1 在鍋中放入水和昆布。浸泡 1～2 個小時，然後用中小火烹煮。在水滾前關火，並取出昆布。加入柴魚片，然後把鍋子從火源上移開。讓柴魚片在鍋中浸泡 5 分鐘。濾出湯汁。

2 你也可以使用 2 大匙的高湯粉或是一小袋高湯包來煮高湯。

3 如果你使用的是高湯粉，那就以同份量 600ml 水，然後加入 2 大匙的高湯粉。或者是用等量的水加入一小袋高湯包來烹煮。

材料 Ingrédients

- 450g 米
- 600ml 水

白飯

1 準備處理米。在碗中以冷水洗米，用手攪動米粒，然後迅速把水倒掉。重複這個動作直到水變得清澈。再將米瀝乾後置入湯鍋內，加入用來烹煮的水。先放置大約 1 個小時，直到米粒變成白色（一開始米會是透明的）。

2 蓋上鍋蓋，先用大火烹煮，煮到水滾後大約持續煮 3 分鐘 *。然後關成小火，以文火微滾的狀態煮 10 分鐘後離火，而且不要掀開鍋蓋 * 放置 10 分鐘，讓米飯利用鍋內的蒸氣完成烹煮。

3 用一把沾溼的木飯勺把飯撥鬆。

* 使用計時器來測量時間，計時器對於烹飪是很實用的。
* 不要掀開鍋蓋是很重要的點，這樣才不會讓蒸氣跑掉。否則米飯會變乾。
* 冷凍保存：趁米飯還是熱的時候，將米飯分成四份，然後弄成扁平狀，包裹在保鮮膜中。讓米飯降到室溫，然後再放入冷凍庫。使用時再以微波爐解凍，一千瓦的火力大約微波 3 分鐘。

映画の料理

蒸物與炸物

美味的炸雞塊，多汁又酥脆，可以不用節制的品嘗。

《舞伎家的料理人》

4 人份

準備時間：15 分鐘

烹調時間：10 分鐘

放置時間：20 分鐘

材料 Ingrédients

- 3 杯植物油
- 4 支去骨帶皮雞腿排或是 4 片雞胸肉
- 1 杯馬鈴薯澱粉或玉米澱粉，或是麵粉
- 1 顆檸檬（擺盤用）

醃料

- 60ml 醬油
- 60ml 料理用清酒
- 1/5 咖啡匙胡椒粉
- 2 粒磨碎大蒜
- 1 湯匙磨碎薑末

日式炸雞

1 準備醃料。在沙拉碗中倒入醬油、清酒與胡椒。加入磨碎的大蒜與薑。

2 把雞腿排切成大約 3 到 4 公分的塊狀，然後放入醃料拌勻。沙拉碗加蓋，置入冰箱冷藏大約 20 分鐘。

3 在炸鍋中將油加熱到攝氏 160 度（當你把筷子浸入油鍋時，會出現細小的泡泡就是對的溫度）。從醃料中取出雞塊，瀝乾，然後放入澱粉中讓雞塊充分地裹上澱粉。

4 將雞塊投入熱油中，油炸大約 5 分鐘，直到雞塊呈現金黃色。在所有的雞塊炸好之前，將已經炸好的雞塊放在吸油紙上，以吸附多餘的油。最後將雞塊裝盤，並放上切片的檸檬。

這些雞翅，最適合當開胃菜吃了，要吃多少就吃多少，甚至可以直接用手拿起來吃。

《深夜食堂》

4 人份

準備時間：5 分鐘

烹調時間：30 分鐘

放置時間：15 分鐘

材料 Ingrédients

- 12 支雞翅
- 3 湯匙醬油
- 2 湯匙料理用清酒
- 20g 磨碎的薑末
- 1 撮黑胡椒粉
- 1/2 杯玉米澱粉或馬鈴薯澱粉
- 2 到 3 杯油炸用油（植物油、芥花油之類的）
- 1 顆檸檬（擺盤用）

唐揚雞翅
日式炸雞翅

1 在塑膠袋中放入雞翅，加入醬油、清酒、磨碎的薑末與黑胡椒粉。混合並且揉搓按摩，然後讓雞翅醃上 15 分鐘。你也可以用 5 湯匙的壽喜燒醬來取代醬油與清酒。

2 從醃料中取出雞翅，瀝乾水分。將澱粉放在碗中放入雞翅沾裏均勻後，再拍掉多餘的澱粉。

3 在鐵鑄鍋或炸鍋中將油以中大火加熱到攝氏 170 度（然後將火轉小成中火並維持在這個溫度）。用筷子攪動一下炸油，以確認溫度：先把筷子用水沖過，拭乾，然後再浸入炸鍋中。油溫到攝氏 170 度的時候，會出現中等大小的泡泡（就好像香檳酒的氣泡）。

4 將雞翅浸入炸油中（一次放入 4 支左右），然後炸上 8 到 10 分鐘，直到雞翅炸成金黃色。

5 待雞翅炸得完熟酥脆時，將雞翅放置在金屬瀝油架、或是吸油紙上瀝油。繼續以同樣的方式來料理剩下的雞翅。

6 將雞翅裝盤，放上四分之一顆檸檬。

料理起來簡單又迅速的一道食譜，可以使用現成的天婦羅麵粉，也可以用一般的麵粉，來做出自家製的天婦羅。

《天婦羅》

4 人份
準備時間：20 分鐘
烹調時間：15 分鐘

材料

Ingrédients

- 12 隻生大蝦
- 3 杯炸油

天婦羅麵衣
- 100g 麵粉＋少許用來蘸大蝦的麵粉
- 1 顆蛋
- 150g 冷水
- 1 撮鹽

天婦羅蘸醬
- 400g 日式高湯（見 p.7）
- 3 湯匙味醂
- 3 湯匙醬油

烹調器具
- 生鐵湯鍋或平底鍋

炸蝦天婦羅

1 把所有天婦羅麵衣的材料，包括大碗或沙拉碗放入冰箱冷藏，直到要製作麵糊時才拿出來，這樣天婦羅才會夠酥脆。

2 準備天婦羅蘸醬。將所有材料倒入小鍋中，煮到微滾，然後離火備用。

3 大蝦去殼（只留下蝦尾），然後在蝦背上劃一刀並取出泥腸。在大蝦的腹部輕輕斜切幾刀，然後用手壓斷蝦筋，並將大蝦拉直，以避免烹調時蝦子縮成一團。

4 麵粉過篩放入沙拉碗中。在另一個碗中，將蛋與水一起打散，然後倒入放麵粉的沙拉碗中。用筷子快速拌勻，避免攪拌過度讓麵糊產生黏性（出筋）。

5 炸油加熱到攝氏 180 度。到這個溫度時，當你把筷子浸入炸油中，會出現像香檳酒那種大小的氣泡。

6 用筷子把 3 到 4 隻大蝦放入天婦羅麵糊，然後再將大蝦放入油中炸到酥脆。炸好將大蝦立放在吸油紙上，以瀝去多餘的油。繼續以同樣的方式來料理剩下的大蝦。

7 將步驟 **2** 的醬汁加熱，然後分裝到 4 個小碗中。將大蝦裝盤後上菜，撒上一點點鹽，或是將大蝦浸在醬汁中後享用。

映画の料理

蒸物與炸物　**17**

《廁所》

『トイレット』
荻上直子，2010 年

加拿大籍的三兄妹在母親剛剛過世之際，接納從祖國日本初來乍到的外婆住進家中。Ray 是一位有點怪的工程師，他原本讓自己表現得不與任何人親近、也不去感受任何情緒，很快就因為與手足同住的事實而大受衝擊。長兄 Maury 是個憂鬱的前鋼琴演奏家，目前深居簡出，而他們的妹妹 Lisa 則是個總是對周遭所有人都表現出不屑的大學生。然而因為他們的外婆不但半句英文也不會說，甚至完全不開口說話，家庭關係一開始就擺明了很難建立……這部在多倫多拍攝的得獎電影，感人、溫馨又具有不按牌理出牌的幽默，以一種撫慰人心的緩慢與豐富的、有時卻懸而未決的次要轉折，總是能很適時的讓人反思身為一家人的同理心，以及我們與最親近的人之間建立的連結……而這些正是有時候會讓人產生誤會的地方。

《神隱少女》

『千と千尋の神隠し』
宮崎駿，2001 年

近二十年來穩坐最受歡迎的日本電影寶座，得過一座奧斯卡金像獎跟一座柏林影展金熊獎，這部動畫電影是其導演最傳統、同時也是最成功的電影之一：讓觀眾沉浸在富含信仰、民俗與傳統的日本當中。年僅 10 歲的少女千尋，與父母一起乘車前往他們的新家。途中來到一個他們以為是廢棄遊樂園的地方，當她的父母貪婪的大快朵頤之際，千尋拋下他們去閒晃，等到夜幕低垂，她回頭來找他們的時候，發現他們已經變成了豬。一段漫長的冒險便如此展開，為了要逃離這個她剛剛潛入的神靈世界，她必須面對可怕的女巫湯婆婆，努力去解救她的親人，然後回到正常的世界。一部精采的電影，毫無分際地將真實與不可思議的成分融合在一起，既是冒險故事也是奇幻故事，繼承了日本神道教的偉大傳統，在這個具有千年歷史的多神信仰當中，被稱為神明（kami）的神靈也就是大自然的精靈，每天都存在於凡人的世界。

映画の料理

半月形狀、赫赫有名的、小小的包餡日本煎餃，源自於中國的「餃子」，在二次大戰後流行起來，在如此酥脆的同時又具有柔軟的口感……

《廁所》

20 個煎餃
準備時間：45 分鐘
烹調時間：15 分鐘
放置時間：40 分鐘

日式煎餃

材料 Ingrédients

- 1 湯匙植物油
- 150ml 熱水

餃子皮
- 90ml 溫開水
- 1 撮鹽
- 130g 低筋麵粉
- 50g 中筋麵粉

餃子餡
- 200g 大白菜或高麗菜
- 1 咖啡匙鹽
- 40g 韭蔥
- 50g 香菇或是蘑菇
- 150g 絞肉
- 1 湯匙醬油
- 1 湯匙芝麻油
- 1 湯匙料理用清酒（也可省略）
- 20g 薑末
- 10g 蒜泥
- 黑胡椒粉

上菜時
- 醬油
- 米醋
- 辣油（也可省略）

1 製作餃子皮。碗中倒入水，將鹽溶化之後，拌入麵粉攪勻。將麵團揉至光滑。滾成球狀，用保鮮膜包起來放置 10 分鐘。再度揉麵約 5 分鐘，然後將麵團在室溫中再放置 30 分鐘（夏天則放入冰箱）。把麵團揉成香腸般的長條狀，然後分切成 20 塊。在撒了麵粉的板子上將每一塊麵團擀開（厚度 2 公釐），然後用直徑 10 公分的模具切成圓形碟片。

2 製作餃子餡。大白菜切成小塊，撒上鹽，然後放置大約 20 分鐘，讓白菜出水。放在濾水籃中用自來水沖洗，然後用棉布擠乾水分。韭蔥與香菇切碎。把蔬菜、絞肉、與磨碎的大蒜攪拌均勻，用醬油、芝麻油、薑末、黑胡椒與清酒調味。在每一片餃子皮的中央放上一湯匙的餡料，並將邊緣用水沾溼，然後將餃子皮對折，同時捏出三到五個摺子封口。

3 平底鍋加入一湯匙植物油加熱，然後將餃子放入鍋中煎 2 到 3 分鐘上色。倒入 150ml 熱水，然後蓋上鍋蓋。以中火烹調大約 10 分鐘。打開鍋蓋讓水分完全蒸發掉。

4 裝盤上菜，並附上醬油、米醋與辣油。

映画の料理

《神隱少女》的女主角千尋在經歷女巫湯婆婆帶來的各種情緒波動之後，為了恢復力氣，就品嘗過這種豆沙包（anman／あんまん），這包著紅豆餡的小蒸包。美味啊！

《神隱少女》

材料 Ingrédients

- 200g 麵粉
- 2 咖啡匙泡打粉
- 90ml 熱水
- 20g 糖粉
- 20ml 植物油
- 1 撮鹽
- 160g 紅豆沙

蒸豆沙包

1 將麵粉與泡打粉過篩置入碗中。

2 加入熱水、糖、油與鹽。用叉子攪拌均勻。用手在碗中揉麵數分鐘，然後將麵團揉成球狀。用保鮮膜包起來放置 30 分鐘。

3 將紅豆沙揉成 4 粒小丸子。

4 麵團分成 4 份，揉成小球狀，然後再攤成直經大約 12 公分的圓片。

5 將紅豆沙球置於小麵包麵團的中央。將邊緣包起來，然後揉成球狀。重複同樣的步驟，做好另外三顆。

6 將豆沙包放在烘焙用紙上。放入蒸籠用大火蒸上大約 20 分鐘。

映画の料理

《小森食光》

『リトル・フォレスト　夏・秋』，
『リトル・フォレスト　冬・春』
森淳一
《夏 - 秋》2014 年，《冬 - 春》2015 年

在大城市居住過一段時間之後，市子回到位於山中與世隔絕的村落，村子名為 Komori，也就是「小森林」的意思。她在那裡找回了大自然的節奏、在土地上耕種，並且仰賴著她隨著季節變換，以無與倫比的美食愛好與細心所準備的健康食材，過著自給自足的生活。在這個雙聯作品的第二部《冬 - 春》篇中，隨著冬季來臨，惡劣的天氣與覆蓋周遭環境的厚厚積雪，讓市子備受考驗。幾個月之後，大地回春，春天的降臨讓她由衷地下定決心要改變自己的生活方式。這部由五十嵐大介的漫畫改編的電影作品，是一首非常美麗讚頌大自然的詩歌，依著四季的節奏，以津津有味、寧靜安詳又富有詩意的方式，展開了一系列真實且誘人的食譜。也是一首甜蜜的頌歌，將真實的滋味融入單純的快樂。

天婦羅麵衣一定不可以黏糊糊的，才能保留
住這道食譜的所有輕巧爽口。

《小森食光》

材料

Ingrédients

- 1 把蘆筍
- 100g 香菇
- 麵粉（少許，油炸前用來撒在蘆
  筍與香菇上用）
- 佐餐用的鹽
- 3 杯炸油

天婦羅麵衣

- 100g 麵粉
- 1 顆蛋
- 150g 冷水
- 1 撮鹽

天婦羅蘸醬

- 400g 日式高湯 (見 p.7)
- 3 湯匙味醂
- 3 湯匙醬油（或照燒醬）

烹調器具

- 生鐵湯鍋或是平底鍋

蔬菜天婦羅

1 把所有天婦羅麵衣的材料，包括大碗或沙拉碗都放入冰箱冷
藏，直到要製作麵糊的時候才拿出來，這樣天婦羅才會夠酥
脆。

2 準備天婦羅蘸醬。將日式高湯、味醂與醬油倒入小鍋中。煮
到微滾，然後離火，備用。

3 蘆筍洗淨，斜切成大約 6 公分長的段狀。香菇清理乾淨。

4 準備天婦羅麵衣。麵粉過篩，放入一個大的沙拉碗中，加入
鹽。在另一個碗中，將蛋與冷水一起打散，然後倒入裝麵粉
的沙拉碗中。用筷子快速拌勻，避免過度攪拌以至於讓麵糊
變得太黏。

5 炸油加熱到攝氏 170 度。到這個溫度，當你把筷子浸入炸油
中時，會出現類似香檳酒氣泡大小的泡泡。

6 先在蘆筍與香菇上撒上麵粉。用筷子夾取蘆筍和香菇浸入天
婦羅麵糊，然後放入油中炸三分鐘。起鍋將炸物放在吸油紙
上。

7 每一位飯友在品嘗天婦羅的時候，可以把天婦羅浸入各別用
小碗裝盛的醬汁中，或是將天婦羅沾附鹽食用。

有別於天婦羅那樣是把蔬菜一塊一塊地分開油炸，這裡的蔬菜是切成小塊，然後用麵糊拌在一起炸。

《小森食光》

Ingrédients 材料

- 4 片高麗菜葉（外面大片的部分）
- 麵粉
- 2 杯用來油炸的植物油

炸什錦麵糊
- 150g 低筋麵粉
- 150ml 水
- 1 顆蛋

烹調器具
- 生鐵湯鍋或是平底鍋

高麗菜炸什錦

1 把高麗菜切成小塊。

2 準備炸什錦麵糊。麵粉過篩放入沙拉碗中。在另一個碗中，將蛋與水一起打散。倒入放麵粉的沙拉碗中，然後用筷子或是攪拌器快速拌勻。

3 在另一個碗中放入 1/5 的高麗菜，再稍微撒上麵粉（大約 1 咖啡匙的量），然後加入 4 湯匙的炸什錦麵糊攪拌均勻。

4 炸油加熱到攝氏 170 度。將筷子浸入油中確認溫度：中等大小的泡泡（類似香檳酒的氣泡）應該會出現。

5 在鍋鏟上或是湯勺中放入麵糊與高麗菜的混合物，用筷子或叉子將混合物滑入油中。大約炸 2 分鐘，然後翻面炸到酥脆。取出炸好的蔬菜餅，瀝去多餘的油，然後放在網架或是吸油紙上。接著繼續以同樣的方式把剩下的食材炸完。

6 附上醬油或海鹽一起上菜。

映画の料理

湯、燉菜
與麵類

這是眾多版本的其中一種，同屬被稱為「nabe」或「nabemono」的鍋物料理，也就是我們說的「火鍋」。滋味豐富且可隨意燉煮。

《武士美食家》

關東煮
白蘿蔔、雞蛋、蒟蒻等的燉煮物

材料
Ingrédients

- 250g 蒟蒻
- 1/2 條白蘿蔔
- 600g 家常豆腐
- 4 顆白煮蛋
- 4 顆中等大小的番茄，去皮

關東煮的湯頭
- 1.6L 日式高湯（見 p.7）

湯頭的調味
- 60ml 醬油
- 60ml 味醂
- 1 湯匙蔗糖
- 1/3 咖啡匙鹽

味噌蘸醬
- 60g 白味噌
- 3 湯匙味醂
- 30g 蔗糖

上菜
芥末醬（Karashi（からし），日式芥末）

烹調器具
燉鍋或湯鍋

1 準備味噌醬。白味噌放入單柄小鍋中，加入糖和味醂。用中火加熱，同時要不斷地攪拌，然後在即將沸騰前離火。味噌醬質地應該要濃稠。倒入容器中並包上保鮮膜。

2 把蒟蒻切成三塊，然後從中對半剖開，最後再把每塊從對角線切成兩塊。在鍋中將水煮沸：水滾時，放入蒟蒻塊，然後煮上 2 到 3 分鐘，瀝乾備用。將白蘿蔔削皮並切成厚度 3 公分的圓片。把豆腐切成大塊。

3 在燉鍋或砂鍋中倒入日式高湯，加入所有湯頭的調味料。攪拌均勻，然後加入白蘿蔔與蒟蒻塊，煮到沸騰，然後轉成中小火，燉煮 45 分鐘左右。再加入白煮蛋、豆腐和整顆的番茄。繼續用小火煮 15 分鐘左右。

4 每位食客各自用小碗來取用關東煮，並且依自己的喜好淋上味噌醬或是芥末醬。

這道料理非常簡單易做，源自中菜卻由日本人重新詮釋，是所謂的中華料理。

《言葉之庭》

材料 Ingrédients

- 4 顆小番茄
- 2 根小黃瓜
- 400g 拉麵用麵條
- 4 顆白煮蛋
- 200g 油漬鮪魚罐頭

醬汁
- 6 湯匙照燒醬
- 2 湯匙水
- 2 湯匙米醋
- 1 咖啡匙芝麻油

番茄小黃瓜冷麵

1 在小碗中將所有醬汁的材料拌勻，備用。

2 把小番茄切成兩半，小黃瓜切成圓薄片。

3 白煮蛋對半切開。鮪魚罐頭瀝去湯汁。

4 按照包裝袋上的烹調說明煮麵條，煮好後瀝去煮麵水再用冷水沖洗並瀝乾。麵條分裝在 4 個盤子裡分別放上所有配料，然後再淋上醬汁。

食材選用炒豬肉跟蔬菜料理，能夠用最快的
速度在自己家裡完成的湯拉麵之一。

《深夜食堂》

材料 Ingrédients

- 4 株新鮮香菇或蘑菇
- 2 根青蔥
- 4 到 5 片大白菜
- 1/2 根胡蘿蔔
- 100g 豆芽菜
- 4 包新鮮或乾拉麵（320g）
  （在一般的超市或量販店就買得到）
- 2 湯匙植物油
- 100g 豬五花肉
- 2 湯匙料理用清酒
- 1 湯匙烤焙過的芝麻油

雞高湯
- 1.6L 水
- 4 湯匙速食拉麵湯底

湯麵
蔬菜拉麵

1 準備雞高湯。在中型的單柄鍋中，用 1.6 公升的熱水來稀釋
4 湯匙的速食拉麵湯底，攪拌均勻煮滾後備用。

2 香菇切細。青蔥切成 5 公分長的蔥段。大白菜切成小塊，胡
蘿蔔削皮，然後切成薄片。豆芽菜用水洗乾淨。

3 準備一個大湯鍋或是大的單柄鍋來煮麵。用中火來熱中式炒
鍋或是大的平底鍋。等到鍋熱加入植物油來炒切成小塊的豬
五花肉，炒到豬肉不再是粉紅色。加入清酒，然後快速炒到
上色。加入大白菜、豆芽菜、香菇、青蔥與胡蘿蔔片。隨即
以鹽和胡椒調味。加入高湯、芝麻油，然後燉煮 3 分鐘左右。

4 將麵條置入滾水中並依照包裝上的說明煮熟。仔細瀝乾水
分。將煮好的麵分成 4 份，以中型碗裝盛。在碗中加入湯料，
然後上菜。

這道傳統的麵點是大晦日（omisoka），也就是日本新年除夕要吃的料理……據説，可以讓我們擺脱過去一年所遭遇到的災厄。細細長長的麵條很容易切斷，而且入口即化！

《深夜食堂》

材料 Ingrédients

- 10g 海帶芽（乾燥的海藻）
- 4 支蟹肉棒
- 2 根蔥
- 360g 蕎麥麵 *
- 1.2L 日式高湯（見 p.7）
- 90lml 味醂
- 90ml 醬油
- 1/2 咖啡匙鹽

跨年蕎麥麵

1 把海帶芽倒入裝了冷水的沙拉碗中，按照包裝袋上的説明，讓海帶芽泡水還原後瀝去水。蔥洗淨切碎。將蟹肉棒斜切成兩半備用。

2 準備料理蕎麥麵。把麵放入單柄鍋中煮熟，按照包裝袋上的説明，以滾水煮個幾分鐘。麵條應該要呈現彈牙的狀態，因為麵條最後還會再以滾水加熱，然後放在熱湯裡上菜。將煮好的蕎麥麵瀝乾，用冷水沖洗過後備用。

3 準備蕎麥麵的高湯：將日式高湯倒入鍋中，加入味醂、醬油與鹽，然後用中火煮 2 分鐘。

4 用單柄鍋煮一鍋沸水來加熱已經煮好的蕎麥麵，煮好後瀝去水分，然後分裝在 4 個碗中。加熱高湯，然後倒入碗中。放上蟹肉棒、海帶芽並撒上蔥花。立即上菜。

＊是以蕎麥粉再混入麵粉製作而成的麵條，蕎麥麵是非常健康的食材，麵條的顏色呈米色或是深灰棕色。

這道在學生圈子中非常受歡迎的日式三明治，是日本戰後出現的料理，不過自從炒麵麵包出現在多部漫畫中之後，自此受歡迎的程度不斷地增加……

《深夜食堂》

材料 / Ingrédients

- 1 湯匙植物油
- 2 根德式香腸，斜切成薄片
- 1/2 顆洋蔥，去皮切碎
- 1 片包心菜葉，切碎
- 360g 炒麵用麵條或是煮熟的拉麵
- 4 湯匙炒麵醬 *
- 4 個熱狗麵包

上菜

- 乾燥海苔粉（也可省略）
- 紅薑絲（也可省略）

炒麵麵包

1 在大平底鍋或是中式炒鍋中熱油，然後炒德式香腸、洋蔥與包心菜。加入麵條，再倒入 1/4 杯水，同時用筷子輕輕挑開麵條，然後烹煮大約 2 分鐘。

2 在麵中倒入炒麵醬。攪拌均勻，然後保留備用。

3 熱狗麵包從上方切開。

4 塞入炒好的麵條。撒上青海苔粉，在麵包的中央放上少許紅薑絲。立即食用或是包上保鮮膜稍後食用。

* 炒麵醬是一種以蔬果為基底作成的醬汁。

映画の料理

《舞伎家的料理人》

『舞妓さんちのまかないさん』
是枝裕和，2023 年

改編自一部成功的漫畫作品，這部影集是一個真真切切的學習／成長故事，滿懷著溫柔與脆弱，富含日本美食文化的瑰寶。在京都的一所傳統學校裡，年輕的季代沒能像那些讓她如此著迷的女孩那樣成為舞伎（maiko），也就是未來的藝子（geiko）或藝妓（geisha）。而與她形影不離的好友小菫則出色地走上了這條路，女主角季代反而成為了料理人（makanai），準備飯菜的廚娘，帶著對味道、餐點與滋味不變的熱情和真摯的喜悅，為她的朋友與前輩們料理餐食。藉由這個為她們服務的機會，與她們朝夕相處……而也讓觀眾在這融合著詩意的優雅氣氛中，發現年輕女主角完全的料理天賦、充滿代表性的日本食譜、還有他們的儀式與祕密。是一首千真萬確的感性頌歌，讚頌著日本的烹飪藝術和美食文化。本書選取了十多道料理介紹給讀者們，這些料理都是大家在觀看這部影集第一季的九集當中可以看到的。

這道跟拉麵有所不同，在餐廳中提供的拉麵通常是熱湯拉麵，而素麵則是一種冷食的白色細麵，夏季炎熱時常常在家中食用。

《舞伎家的料理人》

- 320g 乾素麵條（日本麵條）

醬汁

- 1/2 杯麵味露（mentsuyu）*
- 1 杯冰水

配菜

- 3 顆雞蛋
- 1 咖啡匙糖粉
- 1 撮鹽
- 300g（即食的）熟烤雞肉切片
- 1/2 根黃瓜
- 1/2 把青蔥
- 40g 薑
- 4 片紫蘇葉
- 熟芝麻

＊以醬油、香菇、柴魚高湯與昆布為底的醬汁

烤雞肉拌蛋素麵

1 準備醬汁。將麵味露與冰水在小碗中混合均勻。

2 準備配菜。在沙拉碗中打入蛋，加入少許糖和鹽。倒入不沾平底鍋中煎出像可麗餅一樣薄的蛋皮。切絲備用。

3 將黃瓜切薄片，然後再切成絲。青蔥切成蔥花，薑磨泥，分別放入不同的碗中備用。

4 紫蘇葉切成細絲放在碗中。取另一個小碟子中倒入芝麻粒。在盤中擺入黃瓜絲、雞肉與切好的蛋絲。

5 用一大鍋將水煮沸。水滾時把素麵條散開呈扇形放入。不時用筷子攪拌，然後依照包裝袋上的説明大約煮 2 分鐘。瀝去水，然後置入濾水籃中以冷水沖洗。

6 把素麵分成好幾小球，放在一個大盤子或數個盤子中。在 4 個小碗中倒入醬汁，讓每一位食客拿來蘸麵，並拌入其他的配料食用。

一道簡單的湯品，尤其特別能凸顯其中番茄的微酸與甜味。

《舞伎家的料理人》

4 人份
準備時間：5 分鐘
烹調時間：10 分鐘

- 300g 嫩豆腐
- 12 顆小番茄
- 2 湯匙味噌醬
- 600ml 日式高湯（見 p.7）

番茄味噌湯

1 嫩豆腐切成兩公分的小方塊。小番茄洗淨。

2 將高湯倒入鍋中，加入番茄與豆腐，用中火煮到沸騰，然後離火。

3 把味噌放在湯勺中，加入少許熱湯稀釋開來，然後倒入鍋中。

4 一份一份地裝入碗中上菜。

很經典的一道湯料理，《舞伎家的料理人》有一集就是藉著女主角做的這道料理，以豬肉味噌湯中所加入的不同食材，分別對每一位屋形的居民做了一番饒富趣味的比較……

《舞伎家的料理人》

材料 / Ingrédients

- 200g 豬五花肉
- 1 顆洋蔥
- 1 根日本白蘿蔔
- 1 根胡蘿蔔
- 250g 蒟蒻
- 1/2 根韭蔥
- 300g 新鮮豆腐
- 10g 薑
- 2 根青蔥

高湯
- 600ml 日式高湯（見 p.7）
- 2 湯匙味噌醬
- 1 湯匙芝麻

豚汁
豬肉蒟蒻味噌湯

1 豬五花肉切成薄片。洋蔥剝皮後豎著切成兩半，然後再平放切成薄片。日本白蘿蔔削皮後切成兩半。再對半切過，然後切成適中的薄片。胡蘿蔔削皮後先縱切成兩半，再切成薄片。將蒟蒻切成三角形的小塊。在小鍋中煮水：沸騰時放入蒟蒻塊，再煮個兩、三分鐘，然後瀝去水分保留備用。將韭蔥斜切成薄片。豆腐切成小方塊。薑去皮，然後切碎。青蔥細切成蔥花後放入碗中備用。

2 用中火加熱燉鍋。加入芝麻油，放入豬五花肉片炒上大約 2 分鐘，再加入洋蔥一起炒。放入胡蘿蔔、白蘿蔔、韭蔥、生薑、蒟蒻，倒入高湯直至覆蓋所有配料。攪拌，煮到沸騰，然後將火轉小，撇去浮沫，蓋上鍋蓋燉煮到蔬菜都煮熟（大約 15 分鐘）。加入豆腐塊煮滾。

3 起鍋前才加入味噌醬，放在湯勺中用少許熱湯將之溶解。

4 裝在碗中並撒上蔥花後上菜。

《心之谷》

『耳をすませば』
近藤喜文，1995 年

14 歲的月島雯是一位愛作白日夢又熱中閱讀的少女。她勤跑市立圖書館，然後有一天注意到借閱卡上有某位叫做天澤聖司的人，總是比她早一步借過所有她借閱的書籍。被這個巧合觸動的同時，她又多次遇到同一位有點喜歡拿她開玩笑的男孩⋯⋯這場交錯促成了一段友誼的展開，與逐漸萌芽的情感。這部電影的靈感源自於柊葵的漫畫，由宮崎駿編劇，並全程參與，於是賦予了本片屬於吉卜力工作室作品那種鮮明的風格。其中也有針對主角們所品嘗的菜肴，以及手作或工藝作品那種非常獨特的關注，是始終會呈現在吉卜力作品之畫布背景中的元素。這部動畫長片還有一部續集，是以真人版電影形式於 2022 年上映，續集內容敘述這部動畫在結局的十年後所發生的故事，而真人版電影的英文片名也同樣叫做《心之谷》：Whisper of the Heart。

映画の料理 ////////

《龍貓》

『となりのトトロ』
宮崎駿，1988 年日本上映，1999 年法國上映

《龍貓》既是一個現代童話，也是一首對大自然的讚歌，同時也是一個成長故事，描繪了年幼的梅和她的姊姊皋月的故事。為了要住得離母親就醫所在的醫院近一點，她們隨著父親搬到鄉下的新家。本片帶大家深深投入 50 年代的日本，那個人們與大自然更為親近的年代，也是這兩個小女孩即將學著去發現的新事物⋯⋯她們同時也遇見了森林的神靈，化身為其他人類眼中看不見的低調生物：「龍貓」，她們與龍貓締結了友誼。至於美食這方面⋯⋯有皋月為父親和妹妹所準備以沙丁魚與梅子所組合的傳統口味便當，被妹妹拿來當作野餐的餐點⋯⋯或是皋月跟妹妹一起幫忙鄰居婆婆在田裡採收蔬菜：這些日本食物也在這部電影中，展現了人類與大自然之間的連結。

在冬天特別受歡迎的這道日式熱湯材料可以有蛋、有海鮮，還有雞肉，就好像雯（Shizuku）與司朗（Shiro）所品嘗的那道一樣。

《心之谷》

材料 Ingrédients

- 320g 乾烏龍麵條
- 200g 雞胸肉
- 200g 新鮮菠菜
- 1.2L 日式高湯（見 p.7）
- 90ml 味醂
- 90ml 醬油
- 150g 胡蘿蔔
- 4 朵香菇或是蘑菇
- 2 根蔥
- 4 顆蛋
- 1/2 咖啡匙的七味唐辛子

烹調器具
- 沙鍋或是鐵鑄湯鍋

鍋燒烏龍麵

1 在鍋中把水煮滾。沸騰時加入攤成扇形的烏龍麵條。不時用筷子攪動一下，依照包裝袋上的指示，煮大約 5 分鐘。煮好的麵條瀝乾，然後放入濾盆中用冷水沖洗。

2 把雞肉切成薄片。

3 菠菜洗淨，然後用蒸鍋或微波爐加熱 3 分鐘煮熟。沖水後擠去水分，然後大致切一下，保留備用。

4 將高湯煮沸。離火後加入味醂與醬油。備用。

5 胡蘿蔔削皮，然後切成薄片。香菇洗淨後切成薄片。蔥切成蔥花。

6 將烏龍麵分裝在 4 個小沙鍋中。然後分別在每個鍋中加入胡蘿蔔、雞肉、香菇，然後倒入 300ml 的日式高湯。用中火燉煮大約 10 分鐘，足以把蔬菜跟雞肉煮熟即可。

7 快要煮好時，把每一個沙鍋中的烏龍麵整理成鳥窩狀，然後在中間打入一顆蛋。加入菠菜。蓋上鍋蓋，然後煮 2 分鐘。離火後再燜個 2 分鐘，不要打開鍋蓋。最後，在鍋燒烏龍麵上撒上蔥花、七味唐辛子，然後立刻上菜。

小松菜，一種莖枝肥厚的葉菜，經常被稱為「日本芥末菠菜」，味道清甜。

《龍貓》

材料

Ingrédients

- 200g 小松菜
- 300g 嫩豆腐
- 600ml 日式高湯（見 p.7）
- 2 湯匙味噌醬

小松菜味噌湯

1 將小松菜 * 切段，每段大約 4 公分。

2 豆腐切成每邊約 2 公分的小方塊。

3 日式高湯倒入單柄鍋中，加入切好的小松菜，用中火煮到滾後燉煮 3 分鐘。加入豆腐，煮約 2 分鐘，然後離火。

4 味噌醬放入湯勺中，用少許熱湯化開，然後倒入鍋中。

5 裝在個別的湯碗中上菜。

* 小松菜是一種亞洲油菜。英文叫做 Japanese Mustard Spinach（「日本芥末菠菜」）。我們可以用其他的葉菜取代小松菜，像是青江菜、油菜或是菠菜。

《蒲公英》

『タンポポ』
伊丹十三，1985 年在日本發行，於 1987 年與 2022 年在法國上映

繼知名的義大利麵西部片之後，這部電影應該是影史上第一部拉麵西部片——「蒲公英夫人」，這位居住在東京的年輕餐廳老闆娘，自從丈夫過世後，她便獨自經營著一家平庸的小拉麵店，就是那種赫赫有名的日本湯麵，但是沒什麼生意。就在此時，一位很不尋常、帶著牛仔氣質的客人，五郎，走進了她的人生。身為美食家，且神祕又獨來獨往的他，試圖傳授她所有關於烹飪藝術的祕密，尤其是要與她一起精心炮製出拉麵的完美配方，還帶著自己有點兩光的團隊。這部長片中充滿了許多其他的平行故事，始終都與探求終極食譜或是尋找關於料理的聖杯有關……一部經常出現幼稚搞笑、充滿活力、無法歸類的喜劇片，藉著穿插其中的諷刺與黑色幽默，逕自耍弄著規則與類型。本片成為某些人心目中的「邪典電影」（culte），介於商務晚餐和怪誕的、情色的，還有與烹飪相關的磨難之間，是一部歡樂又不同凡響的電影，在在傳遞出一種無法抗拒的渴望，就是要深深投入日本料理所有的細緻微妙當中。

《生之慾》

『生きる』
黑澤明導演，1952 年在日本發行，
法國於 1966 年上映

這部經典大作的靈感來自於托爾斯泰的小說。電影的主角是一位叫做渡邊勘治的公務行政單位課長，他在日復一日的例行公事與過度官僚主義的沉重壓力之下，變得沉默寡言、麻木不仁。當他得知自己罹患了無法治癒的癌症之後，終於決定要賦予自己的生命一點意義，讓自己還活著的僅剩時光裡能夠有點用處：讓一項為該地區兒童著想的計畫得以實現，而這個計畫直到今日之前都被他所屬的技術官僚體系一路阻擋，以致無法推行。在清理乾淨 Hureocho 地區的一塊空地後，當地的孩子總算可以在一個能被稱為公園的設施裡玩耍了。於是這項成就讓他得以平靜地接受自己的離世。本片描繪了一個男人在面對僵化的官僚主義與家族成員粗魯對待的同時，卻也發現了生命的悸動，其中也包括夜生活的沸沸揚揚……片中展現了一連串生動的人物風景，與一些吃晚餐、餐廳，以及傳統菜肴的場面，為這部出色的電影帶來畫龍點睛的效果。是一部會讓人思考生命與自我奉獻意義的電影。

映画の料理

在日本如此受歡迎的這種湯麵……在伊丹十三的電影《蒲公英》當中，與電影同名的女主角就是企圖要研究出這種湯麵的終極食譜。

《蒲公英》

材料

Ingrédients

- 1/2 片海苔片
- 1/5 根韭蔥
- 320g 拉麵麵條
- 12 片市售叉燒肉
- 80g 筍乾（也可省略）

拉麵的湯頭

- 1.6L 水
- 2 湯匙速食拉麵湯底
- 80ml 醬油
- 3 湯匙料理用清酒

蒲公英夫人的拉麵
湯麵

1 韭蔥切細。將海苔片切成長方型。

2 準備拉麵的湯底：在大單柄鍋中把水煮熱並加入速食拉麵湯底、醬油與清酒。同時在另一個鍋中把大量的水煮滾用來煮拉麵麵條。

3 湯頭煮滾後，把拉麵投入煮滾沸水的大鍋中煮上數分鐘，訣竅是要讓麵條既扎實又容易入口。麵條瀝去水分，分裝在 4 個碗中，然後倒入熱騰騰的湯頭。

4 在每一人份麵碗中放上三片叉燒肉，加入切成細的韭蔥、筍乾與海苔片，完成。

滋味豐厚的一道料理。以切成薄片的牛肉為基礎，有時候也被稱作日式火鍋，非常為日本人所喜愛。

《生之慾》

壽喜燒
日式火鍋

材料 Ingrédients

- 1 根韭蔥
- 600g 牛肉（肋眼或是臀肉）薄切成像是義式生牛肉片（carpaccio）的那種厚度
- 300g 家常豆腐
- 1 把水芹
- 250g 蒟蒻絲
- 8 朵新鮮香菇或蘑菇

壽喜燒醬汁

- 2 湯匙蔗糖
- 100ml 醬油
- 100ml 味醂
- 100ml 料理用清酒
- 1/2 咖啡匙植物油

上菜時

- 4 顆雞蛋

烹調器具

- 鐵鑄煎鍋或是湯鍋
- 桌上型加熱爐具

1 準備壽喜燒醬汁。在單柄鍋中把糖與醬油、油、味醂與清酒攪拌均勻。

2 韭蔥斜切成 1 公分的厚度。把豆腐切成邊長 2 公分的方塊。水芹切成大約 5 公分的長度。

3 切掉香菇的蒂頭，並在菌蓋上切出星星狀的切口。將蒟蒻絲切成 10 公分的長度。然後把蒟蒻絲放入煮滾沸水的小鍋中汆燙 2 分鐘左右後瀝乾備用。

4 把肉片、香菇、韭蔥、豆腐、水芹和蒟蒻絲擺放在上菜用的盤子裡。

5 將大鍋放在桌上型加熱爐具上，先用少許油來熱鍋。再快速拌炒 1/4 的牛肉（不要炒太久，以免牛肉變老），然後在鍋中倒入少許醬汁。把牛肉放在一邊，在另一側加入其他食材的四分之一份。

6 取 4 個碗，分別打入一顆蛋，然後稍微打散。

7 各自取用牛肉和蔬菜，把它們蘸附打散蛋汁後食用。將剩餘的所有材料分批地放入鍋中烹煮，同時一點一點地倒入壽喜燒醬汁調味。

《昨日的美食》

『きのう何食べた？』
多位導演，2019 年

是銷量達數百萬冊的成功漫畫，也是屢獲殊榮的電視劇，2021 年又推出了電影版長片，描繪的都是賢二和史朗的故事。敘述的是這對居住在東京的同志伴侶的生活片段，按照著他們的家居生活，與工作上所遭遇到的、往往很滑稽的麻煩事為節奏：他們其中一位是相當和藹可親且性格外向的美髮師，另一位則是個性內斂又節儉成性的律師。這些生活片段主要描繪史朗這位美食家兼優秀廚師在準備各種不同料理的過程，從食材的採買，到與伴侶的共進晚餐，而晚餐時間也是就著家常料理分享彼此每日生活的機會。這部影集的每一集都是獨立的故事，而且都會以堪比烹飪節目的形式詳述食譜。電影版呈現的則是比較輕鬆的劇情，同時也完全保留了漫畫與電視版本的基礎，電視劇的第二季，也已在 2023 年 10 月播出。

只用麵粉、水和鹽製作出來的素麵有一個特點，就是非常快熟。所以這道料理做起來非常容易。

《昨日的美食》

材料 Ingrédients

- 2 顆雞蛋
- 4 把素麵（約 300g）
- 100ml 麵味露（mentsuyu）*
- 100ml 水
- 200g 瀝去湯汁的罐頭鮪魚
- 20g 薑
- 1 根芹菜
- 1/2 把香菜
- 8 支青蔥
- 1/2 條黃瓜
- 2 顆番茄
- 4 片紫蘇葉（也可省略）
- 2 湯匙焙烤過的黑芝麻
- 植物油
- 鹽

* 以醬油、香菇、柴魚高湯與昆布為基底的醬汁

香味鮪魚蔬菜素麵

1 準備炒蛋。把蛋打入碗中，加入 1 撮鹽，然後迅速打散。小的平底不沾鍋內倒入少許植物油，以中火加熱。將打散的蛋汁倒入鍋中，隨即攪拌並以木鏟輕刮鍋底。等到蛋差不多熟的時候，將鍋子離火，然後一直攪拌到蛋結成小塊。放涼備用。

2 準備蔬菜。生薑去皮並細切成薑絲，倘若你要加紫蘇葉，也是以同樣的方式切細。把芹菜斜切成段。香菜切碎。蔥白細切成蔥花。

3 黃瓜切成 7 釐米厚度的片狀，然後再切成細條狀。將 100ml 的水與麵味露醬汁放入小碗中調勻。番茄切丁，然後與醬汁拌勻。

4 用大量的水把麵條煮熟。然後瀝乾，再用冷水沖洗，然後再次瀝乾。把麵條分裝在 4 個盤子裡。把醬汁連同番茄一起淋在麵條上。中間放上鮪魚、少許炒蛋、黃瓜和其他的蔬菜。撒上芝麻粒。

在日本非常受歡迎的火鍋，「寄せ鍋」的意思是「在一個鍋裡混合」。我們可以根據季節變換海鮮與蔬菜的種類。

《昨日的美食》

材料 Ingrédients

- 20 公分長昆布一段
- 50ml 味醂
- 50ml 醬油
- 1/2 顆大白菜（250g）
- 1 根胡蘿蔔
- 1 根韭蔥
- 1 把水芹（或菠菜）
- 300g 硬豆腐
- 8 朵香菇或蘑菇
- 100g 鴻喜菇
- 8 顆蛤蜊
- 200g 鱈魚肉片
- 8 隻新鮮粉紅蝦（甜蝦）
- 8 顆新鮮干貝

烹調器具

- 土鍋或是鐵鑄湯鍋

日式綜合火鍋
（寄せ鍋）什錦鍋

1 將 1 公升水和昆布放入湯鍋中。浸泡約 30 分鐘，然後用中小火烹煮，在沸騰前關火並取出昆布。加入味醂和醬油後備用。

2 將大白菜切成寬約 4 公分的片狀。胡蘿蔔去皮切成小條狀。韭蔥斜切成 1 公分長的蔥段。水芹洗乾淨，然後切段。將豆腐切成邊長約 2 公分的方塊。

3 香菇去蒂，然後在菌蓋上切出星星狀的切口。切掉鴻喜菇的根部，然後將之剝成小束。蛤蜊完成吐沙後清洗乾淨。

4 將鱈魚切成邊寬為大約 3 到 4 公分的塊狀。

5 取一土鍋，在鍋底鋪上大白菜。在其中一側放上所有的蔬菜，然後把鱈魚和海鮮排放在另一側。加入豆腐，倒入作法 1 煮好的高湯。蓋上鍋蓋，然後煮到沸騰，隨即把火轉小繼續煮個十幾分鐘。

6 每位食客用自己個別的小碗來取用火鍋料。

映画の料理

魚類與
甲殼類

一道以壽司材料為基礎的美味日本傳統食譜，份量飽足，料理起來卻是如此簡單。

《淺田家！》

材料 / Ingrédients

- 450g 壽司米（見 p.9）
- 90ml 米醋或是穀物醋
- 30g 糖粉
- 10g 鹽

散壽司（chirachis）配料

- 3 顆蛋
- 1 咖啡匙的糖
- 1 撮鹽
- 100g 荷蘭豆（嫩豌豆筴）
- 20 隻熟蝦
- 4 片燻鮭魚
- 80g 鮭魚卵
- 4 支細葉芹（cerfeuil）

散壽司

1 準備壽司醋。在小單柄鍋中，用小火把鹽跟糖加在醋中融化（不要煮到滾，否則酸味與美味都會消失）。放涼備用。

2 飯煮好後（見 p.9）在還熱時就放進溼潤的壽司桶（盆）或沙拉盆中，然後淋上壽司醋。把壽司醋拌入飯中，小心不要把飯壓碎。

3 拌好的飯用溼布蓋起來，備用。

4 準備日式炒蛋。打蛋的時候加入少許糖和鹽。倒入不沾平底鍋，以中火烹調，像炒蛋那樣，用 4 根筷子攪拌（這樣才能把蛋弄得很小塊）。當蛋汁快要熟的時候，把鍋子自火上移開然後，繼續攪拌，直到煎蛋變成小塊。備用。

5 荷蘭豆洗淨並剝好（摘去頭尾與筋絲），然後斜切成兩半。處理好的荷蘭豆放入耐熱碗中，加入一湯匙水，然後包上保鮮膜。以微波爐加熱約 1 分鐘，或是把豆筴以沸水煮 2 分鐘，然後再瀝乾、放涼。熟蝦子去殼，只留下尾巴。在蝦背輕劃一道取出黑黑的泥腸。將燻鮭魚切成小塊。

6 把壽司飯分裝在 4 個碗中，然後放上炒蛋，加上蝦仁、燻鮭魚、荷蘭豆、鮭魚卵，然後再撒上切碎的細葉芹。

赫赫有名的日本料理典型烹飪技巧，「炙燒」，非常適合烹飪肉質細膩的魚類，像是特別柔嫩的鰹魚。

《昨日的美食》

4 人份
準備時間：10 分鐘
烹調時間：3 分鐘
放置時間：10 分鐘

- 500g 鰹魚（4 塊鰹魚清肉）
- 1 顆洋蔥
- 2 粒大蒜
- 1/4 把細香蔥
- 2 湯匙醬油
- 2 湯匙芝麻油
- 植物油

炙燒鰹魚

1 洋蔥與大蒜去皮，然後切成薄片。將洋蔥浸泡在冷水中 10 分鐘左右，然後瀝乾。大蒜保留備用。細香蔥切好備用。

2 鰹魚清肉洗淨，然後用廚房紙巾吸乾水分。在不沾平底鍋中倒入少許植物油，用大火加熱。將鰹魚的每一面快速煎 30 秒。取出放在砧板上，然後切成厚度約 7 公釐的薄片。

3 將鰹魚擺放在盤子裡。在鰹魚片上放上洋蔥和大蒜，再撒上香蔥。淋上醬油與芝麻油。

《海街日記》

『海街 diary』
是枝裕和，2015 年

幸、佳乃與千佳是三姊妹。在 15 年前便拋棄了她們的父親的葬禮上，發現她們還有一位同父異母的妹妹，14 歲的鈴，現在成為一個孤兒。她們決定接納鈴來她們家同住。這部電影是一首對於家庭的細緻讚頌，特別彰顯出溫柔與善意……就好像鎌倉地區的每個人都要品嘗的魚料理定食一樣。作為幸福回憶的原始藉口，在各個場景當中鋪陳開來，取代了倒敘的手法，並且點綴了整部電影。因為如果死亡無所不在，「我想以一種平靜的方式去提起它。要做到這一點，食物是理想的選擇，因為食物得以在活著的人之間創造出連結」，本片的導演是枝裕和如此表示。燉海鮮、鮮魚麵、炸竹莢魚或鯖魚，這些菜肴陳列出來，於是在她們所印下的軌跡中，回憶重新浮現，並讓觀眾以最大的樂趣共享。

《澪之料理帖》

『澪をつくし料理帖』
角川春樹，2020 年

一位算命大師準確地預言了她們的命運……澪和野江這對形影不離的好朋友，在 1801 年那悲劇性的一夜之後，即將步上截然不同的道路：這一夜的一場大洪水，讓她們在大阪無憂無慮的童年劃下了句點。如今成為孤兒的澪，身處於江戶，也就是舊時的東京，她在那裡年復一年地探索、發展自己無與倫比的烹飪天賦，成為一名著名的廚師，並且藉著調整味道以適應她所處身的年代，重新審視屬於自己根源的味道。有一天，她所料理的美味佳肴，名聲傳到了如今已經成為一名花魁，也就是高級妓女的野江耳中，進而促成了她們的重逢；食物成為尋回友誼的一條線。這部電影改編自高田郁一系列共十部的歷史小說，在重建出江戶時代的吉原遊廓，與精心烹調的精緻美食之間，展現出一場真正的視覺饗宴。

一道美味的魚肉料理，在《海街日記》這部電影中，是「海貓食堂」（Umineko Shokudo）這間家庭餐廳的招牌菜色，電影中的四姊妹經常光顧這家餐廳分享她們的回憶。

《海街日記》

材料

Ingrédients

- 4 片高麗菜葉
- 8 片竹筴魚肉片
- 1 杯麵粉
- 1 顆蛋
- 1 杯麵包粉
- 2 杯植物油（油炸用）
- 8 顆櫻桃番茄
- 炸豬排醬 * 或醬油
- 鹽，胡椒

烹調器具

- 鑄鐵湯鍋或是平底鍋

＊炸豬排醬是一種以蔬菜、水果慢燉，並用辛香料與醋提味而成的濃稠醬汁。

炸竹筴魚

1 高麗菜葉洗淨擦乾備用。

2 用廚房紙巾把竹筴魚肉片擦乾。以鹽和胡椒調味。

3 將麵粉放入盤子裡，然後再將雞蛋打入另一個深盤中加 2 湯匙水打散。將日式麵包粉放在第三個盤子裡。竹筴魚片先放入麵粉蘸裹，然後浸在蛋汁中，最後再蘸上麵包粉。

4 鑄鐵湯鍋或是平底煎鍋加入植物油開火加熱，油熱時將竹筴魚放入，油炸約 5 分鐘，直到呈金黃色。從鍋中取出炸好的魚，放在瀝油架上或是吸油紙上，以除去多餘的油。

5 擺盤，在 4 個盤中分別放上高麗菜、2 片竹筴魚片，和 2 顆櫻桃番茄。上菜時佐炸豬排醬或是醬油一起食用。

一道非常普遍的日本菜肴，所需的材料不多，
而且非常容易料理。

《風起》

材料

Ingrédients

- 4 片新鮮的鯖魚肉
- 20g 生薑
- 100ml 清水
- 100ml 料理用清酒
- 1 湯匙蔗糖
- 70g 味噌

鯖魚味噌煮
燉煮鯖魚

1 生薑去皮，然後切成薄片。

2 把清魚肉片切成兩塊。

3 在平底鍋中倒入清水、清酒，加入糖和薑，煮到滾。放入鯖
魚片，帶皮的那一面朝上。以大火煮到沸騰時，將火轉小成
中火。蓋上鍋蓋，然後燉煮大約 5 分鐘。

4 味噌放入小碗中，加入 3 湯匙烹煮的湯汁，然後攪拌把味噌
調開。倒入平底鍋中。把火轉小，然後再煮 5 分鐘。過程中
不時地把烹煮的湯汁澆在鯖魚上。

5 把鯖魚放入盤中，然後淋上少許湯汁後享用。

《武士美食家》

『野武士のグルメ』
久住昌之原著，2017 年播映

60 歲的武，在努力工作了大半輩子之後，剛剛開始過起退休生活。他不知道該怎麼去利用手上那麼大把的空閒時間，直到他在午餐時刻品嘗了一杯啤酒。對他來說，這種行為是非常不尋常的奢華享受，然而在這一刻他才明白，整個料理與美食的世界向他敞開了大門，有的是可以讓他去發掘的東西，同時也可以滿足他埋藏在心中對於料理的熱情。他投入此愛好的最佳夥伴，就是存在於他心中的武士，在這部總共十二集的電視劇中，他以張狂又寫實的方式，釋放了他內心的武士，好讓他能夠更充分地去品嘗他真正喜歡的東西，並且打從心底認可自己所擁有的完完全全的自由。這位新手享樂主義退休人士還滿討人喜歡的，他重新找回了品味單純的享樂，讓自己屈服於一道小小美食的誘惑，而在每一集當中，我們都會看到這道菜的料理過程、擺盤上菜……當然還有被武提升到至高無上的品嘗過程。這部影集單純、平和、歡樂，且具有許多讓人喜愛的地方。

日本料理中最經典的就是生魚片了，被提升
到真正屬於烹飪藝術的層次，新鮮的魚類、
甲殼類，或是貝類切片、生吃，都屬於生魚
片的範圍。

《武士美食家》

準備時間：20 分鐘

材料

Ingrédients

- 1 段 6 公分長的日本白蘿蔔
- 400g 鮪魚（可以做生魚片的品質）
- 4 片紫蘇葉
- 1 湯匙芥末
- 4 湯匙醬油

烹調器具
- 蔬菜刨片器

鮪魚生魚片

1 將白蘿蔔削去皮。用刨片器把白蘿蔔橫切成薄片。在砧板上疊放 4 到 5 片白蘿蔔薄片，然後再將之切成細絲。如此重複數次，然後將切成絲的白蘿蔔放入一碗非常冰的開水中。

2 將鮪魚切成 9 塊。把每塊鮪魚肉片成大約 1 公分厚的薄片。

3 白蘿蔔絲瀝乾，然後在每個盤子上放上少許白蘿蔔絲。每盤再加上 1 片紫蘇葉。將鮪魚片排放在紫蘇葉上。在旁邊放上少許芥末。附上裝入醬油的小碟子一起上菜。

映画の料理

《風起》

『風立ちぬ』
宮崎駿，2013 年日本上映，2014 年法國上映

這部由宮崎駿執導的動畫電影，是取材自真實事件的自由詮釋，以當時的歷史為背景，來回顧堀越二郎的一生，他是一位天才型航空工程師，也就是二次世界大戰服役的日本零式轟炸機的設計師。故事從他的青春歲月、1918 年日本參戰開始⋯⋯中間還經歷了關東大地震與經濟大蕭條。如果說堀越二郎很快便明白他的糟糕視力無法讓自己成為一名飛行員，他卻還是一直夢想著飛行。然後，在以優異的學業成績自東京帝國大學畢業之後，他於 1927 年進入了一家大型的航空工業公司，讓他很快便能夠發揮自己的非凡才華。藉著他與菜穗子的戀情、還有與同事本庄的友誼這兩條虛構的故事線，宮崎駿重新創造了這位非同凡響的發明家，直到戰爭爆發之前的人生經歷，以保羅・瓦勒里（Paul Valéry）的這句詩為標誌：「風起⋯⋯我們必須努力活下去」（Le vent se lève, il faut tenter de vivre），也如此象徵著主要人物的命運。一部令人讚嘆的動畫電影，對於人的心靈、創造力與夢想富含著多重的訊息，承襲了吉卜力工作室精湛又細緻的寫實主義傳統。

有時候被稱為卷物（makimono），在歐洲通常簡稱為 maki，是不可或缺的日本經典食物。

《澪之料理帖》

材料

Ingrédients

- 300g 壽司米（見 p.9）
- 250g 整塊油漬鮪魚（罐頭）
- 1/2 根黃瓜
- 4 片海苔片
- 芥末
- 醬油

壽司醋
- 60ml 米醋或是穀物醋
- 20g 糖粉
- 1 咖啡匙的鹽

烹調器具
- 1 張壽司捲簾

鮪魚黃瓜壽司卷

1 準備壽司醋。在小單柄鍋中，用小火把鹽跟糖加在醋中融化（不要煮到滾，否則酸味與美味都會消失）。放涼備用。

2 把煮熟的米飯（見 p.9）在還熱的時候就放進溼潤的壽司桶（盆）或沙拉盆中，然後淋上壽司醋。把壽司醋拌入飯中，小心不要把飯壓碎。

3 準備配料。黃瓜切條。鮪魚瀝去湯汁，搗碎，然後放在小碗中加入 1 咖啡匙醬油攪拌均勻。

4 海苔片取長邊橫切成兩半。將 1/2 片海苔放在捲簾上。雙手用水打溼，然後取 1/8 的米飯平鋪在海苔片上，厚度大約 1 公分。將鮪魚和切好的黃瓜放在海苔片下方的三分之一上。將捲簾從底部由下往上捲，用指尖將配料固定在位置上。在捲起壽司的時候，整捲從左到右都要用力按壓好幾次。重複同樣的操作直至材料用完。

5 在砧板上，用鋒利並且沖過水的刀把壽司切成 5、6 塊。將醬油和芥末分開擺放，一起上菜。

一道傳統的日本料理：主要基底材料是雞蛋，可以冷食也可以溫食，最好是當成前菜品嘗。

《澪之料理帖》

Ingrédients 材料

- 4 隻熟蝦
- 4 朵香菇或蘑菇
- 8 根細香蔥
- 少許有機柳橙皮或日本柚子皮

蛋與日式高湯的汁液

- 3 顆蛋
- 550ml 日式高湯（見 p.7）
- 1 咖啡匙醬油
- 1 咖啡匙味醂
- 1 咖啡匙鹽

入口即化的茶碗蒸
香菇蝦仁蒸蛋

1 如果你用的是高湯粉，那麼就先在大碗中用 1 湯匙的熱水泡開，然後再加入 550ml 的水。在日式高湯中加入醬油、味醂和鹽。另取一個碗把蛋打入，用打蛋器攪拌均勻。把蛋汁倒入大碗中的高湯時，先用濾網過濾。

2 香菇摘去蒂，然後切片。蝦子剝去殼但留下尾巴。在蝦背上輕劃一刀，然後去掉泥腸。

3 把香菇和蝦子平均分配，放入小碗中。把蛋與日式高湯的汁液倒入每一個小碗，高度要蓋過所有的食材，然後每個碗都用鋁箔紙蓋起來。

4 在大單柄鍋中倒入鍋子深度三分之一的水，然後放入小碗以隔水加熱的方式烹調。蓋上鍋蓋，用中火煮到水滾。烹煮 3 分鐘後轉成小火，再繼續煮 10 分鐘，然後離火，鍋蓋繼續蓋著燜 5 分鐘。從鍋中取出小碗，掀掉鋁箔紙蓋，放上一點點切成絲的有機柳橙皮，然後撒上細香蔥末。

映画の料理

肉類
與蛋料理

在《武士美食家》這部日劇中，武在他退休的第一天所品嘗到的就是這道非常受歡迎的料理。

《武士美食家》

Ingrédients 材料

- 200g 豬五花肉
- 1 個茄子
- 1 個青椒
- 20g 薑
- 2 湯匙植物油
- 1 湯匙芝麻油

味噌芥末醬
- 2 湯匙味噌
- 120ml 水
- 2 咖啡匙醬油
- 2 湯匙蔗糖
- 1 咖啡匙的芥子醬（日式黃芥末）或是法式芥末醬

烹調器具
- 中式炒鍋或平底鍋

茄子炒豬肉

1 準備味噌芥末醬。把所有醬汁的材料放入碗中拌勻。

2 茄子取長邊縱切成兩半，然後再將半顆茄子平放，切成 1 公分厚的片狀。茄子片再對切為二。青椒縱切成兩半，然後再切成像茄子那樣的片狀。薑去皮切碎。

3 豬五花肉切薄片。

4 炒鍋加入植物油用大火加熱。放入豬五花肉片炒個大約 2 分鐘，然後加入青椒、茄子與薑。等到所有的食材都炒熟時，倒入味噌芥末醬。一面攪拌，一面再煮個幾分鐘。最後在起鍋前淋上芝麻油。

5 裝盤，與一碗白飯（見 p.9）、一份味噌湯（見 p.47 與 p.57）還有醃黃瓜一同上菜。

富含蛋白質，料理起來很快速，這是《舞伎家的料理人》的女主角季代在接管廚房的出餐大任之後，精心製作的第一道料理。

《舞伎家的料理人》

材料 Ingrédients

- 450g 白米（見 p.9）
- 300g 雞胸肉
- 1/5 把細香蔥
- 1 顆洋蔥
- 250ml 日式高湯（見 p.7）
- 50ml 醬油
- 2 湯匙糖粉
- 80ml 味醂
- 8 顆蛋
- 一味唐辛子

親子丼

1 準備並烹煮白飯（見 p.9）。將細香蔥洗淨並切碎，保留備用。

2 洋蔥剝去外皮，然後切成兩半。再把切半的洋蔥切成薄片（厚度大約 5 公釐）。雞胸肉切成大約 3 公分的方塊。

3 在大平底鍋中倒入日式高湯，加入醬油、糖與味醂。混合後用中火煮到滾。加入雞肉塊與洋蔥，然後烹煮 5 分鐘。

4 把雞蛋打在碗中，然後快速打散。把蛋液倒入鍋中，加蓋，然後用中火烹煮 1 到 2 分鐘。將鍋子離火，蓋著鍋蓋放著燜上 1 到 3 分鐘，視所欲選擇的熟度來決定時間的長短。

5 在 4 個大碗中裝入白飯，然後分別在每碗飯上裝入四分之一份的蛋包雞肉。撒上少許的細香蔥。附上一味唐辛子一起上菜。

一種日本的傳統三明治，是獨樹一格的三明治類型，《舞伎家的料理人》影集中的女主角季代，在她的好朋友小菫成為舞伎的那一天，就是為她做了這種三明治。

《舞伎家的料理人》

4 人份
準備時間：15 分鐘
烹調時間：10 分鐘
放置時間：10 分鐘

材料

Ingrédients

- 6 顆蛋
- 4 湯匙美乃滋
- 2 湯匙牛奶
- 8 片土司麵包
- 25g 奶油
- 鹽和白胡椒粉

雞蛋三明治

1 準備白煮蛋。用勺子把蛋放入滾水中煮 10 分鐘。然後把蛋放進冷水中充分冷卻後剝殼。

2 把白煮蛋切成兩半。先取出蛋黃在碗中用叉子把蛋黃壓碎，同時加入美乃滋跟牛奶。再加入切成小丁的蛋白。用鹽跟白胡椒粉調味。

3 在 4 片吐司麵包的一面上塗上奶油，然後在另外 4 片上抹上拌好的雞蛋。再蓋上塗好奶油的 4 片吐司。

4 然後把三明治兩兩疊在一起，在上面倒扣一個盤子壓著放置 10 分鐘。

5 把吐司麵包的每個邊都切掉，然後把三明治切成 12 塊（橫切成 4 塊，然後再縱切成 3 塊）。

赫赫有名的串燒，在烤架上烤熟，每一塊都是一口大小，就好像《武士美食家》影集裡的主人翁，武，在某個孤獨的夜晚，自己去餐廳裡吃的那種……

《武士美食家》

材料 Ingrédients

- 4 副雞肝
- 2 塊雞胸肉
- 8 支青蔥
- 1 顆洋蔥
- 4 朵香菇或蘑菇

醬汁

- 2 湯匙糖粉
- 100ml 醬油
- 80ml 味醂
- 80ml 料理用清酒

日式烤雞串
雞肉與雞肝串燒

1 準備醬汁。在單柄鍋中把糖與醬油、味醂和清酒攪拌均勻。煮滾，然後用大火繼續煮到醬汁濃縮成原本一半的量，且呈糖漿狀。把熱騰騰的醬汁倒入小碗中。

2 把十二支串燒用木籤放入冷水中浸泡 30 分鐘（這樣木籤在烤架上才不會烤焦）。把雞胸肉切成邊長 2 到 3 公分大小勻稱的方塊。把雞肝切成差不多同樣大小的 4 塊。青蔥洗淨，切成約 3 公分長的段狀。

3 準備做 4 支串燒，把四塊雞肝與兩段青蔥交替串起來。準備另外 8 支串燒，將 3 塊雞胸肉和 2 段青蔥串在一起。你可以另外再多加 2 串白洋蔥（去皮並切成 1.5 公分的圓片），與另外 2 串香菇。

4 把串燒放入深盤或烤盤中，用刷子刷上醬汁，邊刷邊翻轉，好讓每一面都刷到醬汁。把串燒放在烤箱的烤架上，烤架下面放滴水盤。將串燒烤上幾分鐘，然後一邊翻面，一邊規律地刷上醬汁。

STOCK SERVICE

映画の料理

《戀愛腦內諮商室》

『私をくいとめて』
大九明子，2020 年

31歲的光子是一位獨來獨往的女子。長久以來，她都待在屬於自己的泡泡裡，不太適應社交關係，對於自己的工作也並不樂在其中，她覺得與自己小小的內在聲音作伴，比跟其他人相處都要來得更好，她持續不斷地諮詢這個聲音，並且將之取名為 A 君。身為一個充實快樂的單身女郎，光子全心投入她的熱情：就是在她位於東京的小公寓裡做料理，並且精進自己的廚藝。直到有一天，愛情化身為一位名叫多田的年輕業務員，來敲門……這部浪漫喜劇改編自綿矢莉莎的小說，由一位集敏感、脆弱與容光煥發於一身的女演員來擔綱演出。本片導演大九明子藉著這部電影所要探討的主題之一，就是日本的單身與孤獨問題，還有連帶的一大串矛盾。介於社會的觀感、與想要改變自己人生的懷疑或是恐懼之間：要是光子真的展開一段真實的關係，那麼她如此珍視的內心小顧問，會不會就此消失呢？

4 人份

準備時間：15 分鐘

烹調時間：20 分鐘

材料
Ingrédients

- 200g 牛肉（軟嫩的部位，像是菲力）
- 400g 馬鈴薯
- 2 根胡蘿蔔
- 2 顆洋蔥
- 2 湯匙植物油
- 100g 四季豆
- 600ml 水

調味料 *
- 1/4 咖啡匙日式高湯粉
- 1 湯匙糖粉
- 1 湯匙料理用清酒
- 1 湯匙味醂
- 3 湯匙醬油

＊也可以用照燒醬來取代所有的調味料。

馬鈴薯燉肉
馬鈴薯與牛肉燉菜

1 馬鈴薯跟胡蘿蔔削皮，洗淨後切塊。洋蔥削皮後切成兩半，再切成厚度 5 公釐的薄片，牛肉切成 5 公釐薄片。

2 在燉鍋中熱油，然後用非常大的火將牛肉與洋蔥炒 3 分鐘炒到上色。加入馬鈴薯、胡蘿蔔和水，煮到沸騰。撇去浮沫，然後煮個 3 分鐘左右。把火轉小，然後加入糖、醬油、味醂、清酒與高湯粉。攪拌均勻。

3 蓋上鍋蓋燉煮 15 分鐘，然後加入四季豆，再煮個 5 分鐘。最後把肉、蔬菜和湯分裝到碗中。

《東京物語》

『東京物語』
小津安二郎　1953 年日本上映，1978 年法國上映

被世界各地眾多影迷視為影史上絕佳的大師之作，這部長片在 1970 年代末期讓法國人認識了小津安二郎這位導演。故事是描述一位退休的老人與其老伴離開他們慣於生活的鄉間，去探望他們住在東京的子女。這個機會讓他們發現，他們的子女在繁忙的城市生活中，可以貢獻給他們二老的空間與時間是那麼地稀少。只有媳婦紀子，他們在戰爭中死去次子的遺孀，真心為他們的來訪感到高興，並且對他們付出原本他們期待從自己孩子身上得到的時間與關注。本片呈現了戰後日本傳統家庭制度無法避免的沒落狀態，在敘述的過程中，小津固定鏡頭的獨特美學從容且完整地體現。一部感動滿點的電影，充滿針對老化、疏遠或孤獨的人生教訓，帶著一絲幽默和苦澀，同時充滿迷人的平靜又如此震撼人心。

《秋刀魚之味》

『秋刀魚の味』
小津安二郎
1962 年日本上映，1978 年法國上映

周平是個鰥夫，與他最小的兒子和女兒路子住在一起，路子已屆適婚年齡，不過跟父親非常親近，同時也是周平抵禦孤獨最可靠的堡壘。有一天晚上，他與一位朋友喝酒閒聊的時候，朋友提議要為他的女兒找個夫婿，周平因而意識到他應該要放手讓她脫離自己的掌控，儘管他害怕孤獨，而且自己的自私讓他一直拒絕這樣的想法。但眼下就出現一個活生生的例子：他以往一位恩師的女兒，就是犧牲了自己的青春來照顧父親，如今卻陷入了悲苦無依的境地，這點讓他重新審視自己看待事物的觀點……本片精采地將傳統、父權的日本與戰後的價值觀對照呈現，在單純的享樂與老一輩的憂鬱之間，這部大導演小津安二郎最後的一部作品，展現出的是一種極簡主義，與造就了小津如此獨特魅力的美學。特別要提到一點，就是本片的原始片名「さんまのあじ（秋刀魚的滋味）」，指的是一種在日本很受歡迎的魚，在秋季被廣泛食用。

映画の料理

炸豬排丼是一道日本非常具有代表性的料理，把一碗白飯、裹了麵包粉的炸豬排與雞蛋組合在一起。

《東京物語》

Ingrédients 材料

- 450g 白米（見 p.9）
- 1 顆洋蔥
- 4 片炸豬排（見 p.111）
- 4 顆雞蛋
- 1/5 把細香蔥
- 一味唐辛子

調味料

- 300ml 日式高湯（見 p.7）
- 70ml 醬油
- 70ml 味醂
- 2 湯匙糖粉

炸豬排丼
裹粉炸豬排與雞蛋蓋飯

1 烹煮白飯（見 p.9）。並將細香蔥洗淨切碎備用。

2 洋蔥剝除外皮切成兩半。再把切半的洋蔥切成薄片（厚度大約 5 公釐）。4 片炸豬排一片各切成 8 塊。

3 準備料理炸豬排丼。在大碗中倒入日式高湯、醬油、味醂與糖攪拌均勻。在兩支中型平底鍋內各倒入一半混合好的高湯，用中火煮到滾，再加入一半的洋蔥，烹煮 3 分鐘。然後在每鍋中放入二片共 16 塊炸豬排。

4 把雞蛋打在碗中，然後快速打散。在每個鍋中倒入一半的蛋液，蓋上鍋蓋，然後用中火烹煮 1 到 2 分鐘。將鍋子離火，蓋著鍋蓋放著燜上 1 到 3 分鐘，視所欲選擇的熟度來決定時間的長短。

5 在 4 個大碗中裝入白飯，然後分別在每碗飯上裝入 8 塊的炸豬排蛋包。撒上少許的細香蔥末。附上一味唐辛子一起上菜。

一道典型的日本菜肴，以豬肉為基礎，裹在日式麵包粉中，既簡單又美味。

《秋刀魚之味》

- 4 片 2 公分厚的去骨豬里肌肉或是梅花肉
- 4 片高麗菜葉
- 1 顆檸檬
- 1 杯麵粉
- 1 顆雞蛋
- 2 湯匙的水
- 1 杯日式麵包粉
- 2 杯用來油炸的植物油
- 炸豬排醬 * 或是醬油
- 鹽，胡椒

烹調器具

- 鑄鐵湯鍋或是平底鍋

＊炸豬排醬是一種以蔬菜水果慢燉，並用辛香料與醋提味而成的濃稠醬汁。

日式炸豬排
裹粉炸豬肉

1 將高麗菜葉切絲備用。檸檬切成 8 塊。

2 豬肉用鹽與胡椒調味。

3 將麵粉放入一個盤子裡，然後再將雞蛋打入另一個深盤中，加 2 湯匙水打散。將日式麵包粉放在第三個盤子上。豬排先放入麵粉蘸裹，然後浸在蛋汁中，最後再蘸上麵包粉。

4 植物油倒入鑄鐵湯鍋或平底鍋中以中火加熱，然後把豬排放入油炸，每一面大約炸 5 分鐘，直到豬排呈現金黃色，取出豬排時除去多餘的油，把豬排放在瀝油架上或是吸油紙上。

5 在每個盤子中擺放好高麗菜絲，放上豬排並加入檸檬片。附上炸豬排醬或是醬油一起上菜。

映画の料理

《深夜食堂》

『深夜食堂』
多位導演執導，首集於 2009 年播出

在東京新宿區，一間夜間營業的居酒屋（相當於小酒館或酒吧），其老闆與顧客的日常生活，便是這部由漫畫改編而成的電視影集生動的故事內容。儘管被顧客稱為「大師」的這位沉默寡言、冷靜又睿智的老闆，將店裡的菜單限縮為僅有豚汁，也就是豬肉味噌湯這一道菜，他還是會同意為客人料理他們所要求的任何菜肴，只要他手上有可以用的食材，他就做得出來。居酒屋從午夜開始營業到早上七點打烊，他絡繹不絕地接待一群離群索居、卻也各式各樣的客層，包括一位黑道份子、一位送報員，還有一位脫衣舞孃，這些人來到他的店裡，用一頓晚餐的時間，找到的是一座夜間的避風港，這部影集的英文片名也就叫做「午夜晚餐」。在每一集當中，都會有一位顧客、與他個人有所關聯的一道特定料理、一個主題，甚至是一個需要解決的衝突，這部影集以一種具有創意、敏銳，常常還相當富有哲理的方式，將多道日本的特色料理呈現在螢光幕上，超越了所有社會或是文化的隔閡……劇終時還會額外放送一個彩蛋：藉著大師的專家之手，把與該集有關的關鍵料理製作出來讓大家觀賞。

我們可以說這道菜跟燉菜很接近，不過這道
菜因為著重在辛香料，所以滋味其實大有不
同。

《深夜食堂》

4 人份
準備時間：15 分鐘
烹調時間：20 分鐘

Ingrédients 材料

- 七味唐辛子

燉菜
- 2 片大白菜葉
- 50g 金針菇
- 50g 木棉豆腐
- 4 片豬五花肉
- 400ml 日式高湯（見 p.7）
- 2 湯匙料理用清酒

柚子醋醬（ポン酢）
- 2 湯匙照燒醬
- 2 湯匙柳橙汁
- 1 咖啡匙米醋

烹調器具
- 鑄鐵湯鍋或土鍋

白菜豬肉鍋

1 大白菜葉和木棉豆腐切成小塊。金針菇的根部切除丟棄。把
金針菇拆分成小束。豬五花肉片切成 2 到 3 塊。

2 將這些材料放入土鍋或鑄鐵湯鍋中，並整齊排放。倒入日式
高湯與清酒。蓋上鍋蓋，燉煮 5 分鐘。撇去浮沫，然後再煮
5 分鐘。將柚子醋醬的材料混合並盛入小碗中上菜。在燉鍋
中撒上日式七味粉。一面取出食材蘸醬，一面品嘗。

一道簡單的料理，不過卻得練習過才有辦法成功地捲起折疊出蛋卷。而且別忘了那種長方形玉子燒鍋，是絕對不可或缺的！

《深夜食堂》

1 人份
準備時間：3 分鐘
烹調時間：5 分鐘

材料
Ingrédients

- 3 個中型雞蛋
- 1/2 湯匙蔗糖
- 1/2 湯匙醬油
- 植物油

烹調器具
- 長方形玉子燒鍋

玉子燒
日式煎蛋卷

1 蛋打入沙拉盆中，然後打散。加入糖與醬油，然後攪拌均勻。

2 將玉子燒鍋以中火加熱，然後用筷子夾著摺疊起來的廚房紙巾為煎鍋塗上油。再倒入薄薄一層打好的蛋汁。但這片薄煎蛋皮差不多熟了的時候，用鍋鏟把上下兩邊往內折大約 3 公分，然後再折一次將蛋皮對折。往煎鍋的一邊推，把蛋皮捲緊。煎鍋空出來的部分再塗上油，然後倒入薄薄一層蛋汁。煎熟後再重複先前一樣的作法。煎好後取出放置在盤子上。

映画の料理

映画の料理

米飯與
蔬菜料理

叫做「揚出茄子（揚げ浸し）」的這道菜，是正宗的日本料理，而且是典型的夏季菜色，這種先炸過，然後浸泡在醬汁裡的茄子是一種味蕾的饗宴。

《舞伎家的料理人》

材料 Ingrédients

- 1/2 根白蘿蔔
- 2 顆中等大小茄子
- 2 杯油炸用植物油
- 2 根青蔥
- 20g 薑
- 10g 鰹魚乾（乾柴魚片）

醬汁

- 1/2 杯日式高湯（見 p.7）
- 3 湯匙味醂
- 3 湯匙料理用清酒 *
- 3 湯匙醬油 *
- 1 咖啡匙糖粉

＊你也可以用 5 湯匙照燒醬來取代醬油與清酒。

揚出茄子
浸泡在醬汁中的炸茄子

1 在一個小單柄鍋中，將醬汁的所有材料混合，煮到沸騰，然後離火（蓋上鍋蓋以防止蒸發）。

2 白蘿蔔削去皮，然後磨泥。青蔥切成蔥花。薑削去皮，然後磨泥。

3 準備茄子。茄子去掉蒂頭，然後縱切成四塊。在茄子的表面上以 0.5cm 的間距輕輕斜劃出規律的切口。再將茄子切成 3 到 4 塊。

4 將炸油加熱到攝氏 170 度。浸入筷子確認溫度：應該會出現中等大小的氣泡（好像香檳酒中的氣泡那樣）。

5 將幾塊茄子放入油鍋中，帶皮的那一面朝下。炸個大約 2 分鐘。取出茄子，同時除去多餘的油，然後把茄子放在瀝油架上，帶皮的那一面朝上，也可放在吸油紙上。把剩下的茄子炸完。

6 將茄子放入沙拉碗中。把醬汁加熱後淋在茄子上，攪拌均勻。

7 將茄子擺入盤中（先把醬汁保留起來）。撒上柴魚片，放上磨碎的白蘿蔔泥和薑泥。再倒入 1 湯匙的醬汁，然後撒上蔥花裝飾。

料理起來超快速的食譜，而且成果很唬人：
入口即化的茄子，在味噌醬的提味下吃起來
酸酸甜甜。

《深夜食堂》

- 4 顆小茄子

味噌醬
- 80g 紅味噌醬
- 3 湯匙榛果泥或芝麻醬
- 2 湯匙楓糖漿或蔗糖
- 3 湯匙味醂或蘋果汁

味噌茄子

1 準備做味噌醬。將紅味噌醬放入小鍋中，加入榛果泥、楓糖漿和味醂。以中火加熱，過程需不停地攪拌，然後在沸騰前離火備用。

2 茄子放入烤箱以攝氏 200 度烤大約 20 分鐘。當茄子烤熟後，從中間縱向切開。將味噌醬塗抹在茄子內部。

在日本文化中不可或缺的一套全餐，營養均衡而且打開就可以吃，是由多種菜肴組合而成，而且準備的時候還可以量身訂做，以滿足每個人的口味！

《小森時光》

材料
Ingrédients

- 8 片紫蘇葉
- 1 個便當盒
- 玉子燒（見 p.117）

御飯糰
- 8 顆米飯丸子
- 450g 米（見 p.9）

烤飯糰用味噌醬
- 80g 紅味噌醬
- 3 湯匙芝麻醬
- 2 湯匙楓糖漿或蔗糖
- 3 湯匙味酥或是蘋果汁

漬物
- 1 片 5 公分昆布
- 1 把櫻桃蘿蔔
- 1 咖啡匙鹽
- 1/2 咖啡匙糖粉
- 1 咖啡匙磨碎的有機柳橙皮

日式便當
味噌烤飯糰、煎蛋卷、櫻桃蘿蔔漬……

1 把白飯煮好（見 p.9）。

2 準備製作漬物。昆布放入盤中，加入 2 湯匙的水弄溼昆布，靜置 10 分鐘。櫻桃蘿蔔洗淨，去掉蘿蔔纓，放入夾鏈袋中，加入鹽、糖、橙皮、用剪刀剪成細絲的昆布，還有浸泡過昆布的水。封上夾鏈袋然後揉搓按摩一下，備用。

3 準備烤飯糰用的味噌醬。將所有材料放入小鍋中。以中火加熱，過程中用打蛋器不停地攪拌，然後在沸騰前將鍋子離火。醬汁應該呈濃稠滑順狀。放入容器中然後蓋上保鮮膜，備用。

4 料理玉子燒（見 p.117）。將煎蛋卷切成 8 份。

5 把三角形的飯糰（御飯糰）包起來。使用還熱的米飯，先在砧板上放置一塊方形的保鮮膜。將 1/8 份的飯放在中間，以湯匙攤開，然後將每一邊的保鮮膜往中間包起來，並且用手把保鮮膜邊在上方扭緊。然後再用手按壓每一邊以做出完美的三角形。拿掉保鮮膜，輕輕撒上少許鹽。重複同樣的動作，做出另外 7 顆飯糰。最後，在飯糰上塗抹上味噌醬。把飯糰放入烤箱中烘烤，直到味噌變成金黃色。從烤箱中取出飯糰，然後在每個飯糰上放一片紫蘇葉。

6 把便當的所有材料組合起來，在便當裡放進 2 個飯糰、2 塊玉子燒、一些櫻桃蘿蔔漬。

這個食譜的獨到之處就是：米飯是跟所有的材料一起煮熟。日文中「炊き込みご飯」的意思就是「跟米飯一起煮」。

《昨日的美食》

材料 Ingrédients

- 2 片厚切的鮭魚肉塊
- 450g 白米
- 1 根胡蘿蔔
- 150g 舞菇或香菇
- 100g 牛蒡

- 500ml 水

鹽漬鮭魚的佐料
- 200ml 水
- 2 湯匙細鹽
- 1 湯匙糖

調味料
- 3 湯匙醬油
- 3 湯匙料理用清酒
- 1 段 10cm 昆布
- 1 咖啡匙芝麻油

鮭魚炊飯

1 將鮭魚肉塊縱切成兩半，放入塑膠袋中，加入細鹽、糖，再倒入水，放入冰箱醃漬一夜。

2 準備處理米。在碗中以冷水洗米，用手攪動米粒，然後迅速把水倒掉。重複這個動作直到水變得清澈。泡水放置大約 1 個小時，直到米粒變成白色（一開始會是透明的）。將昆布浸泡在 500ml 的水中。

3 胡蘿蔔去皮，切成條狀。菇類的根部切掉，然後將菇切成小塊。牛蒡洗淨並去皮。切成厚度約 5 公釐的圓片，用水浸泡然後瀝乾。

4 在土鍋或鑄鐵鍋中放入米（瀝乾水分）、浸泡過昆布的水、所有的食材跟調味料，包括昆布、瀝去醃汁的鮭魚，還有蔬菜。蓋上鍋蓋，用大火煮到沸騰，繼續煮大約 3 分鐘。把火轉小，在微滾的狀態下煮 10 分鐘。鍋子離火，蓋著鍋蓋靜置 15 分鐘，讓米飯在自己的蒸氣中完成烹飪。分裝入碗中上菜。

表面上看起來非常簡單，這道熱騰騰又營養的食譜充分地凸顯出豆腐的細緻口感。

《舞伎家的料理人》

4 人份

準備時間：5 分鐘

烹調時間：15 分鐘

放置時間：30 分鐘

Ingrédients 材料

- 2 盒豆腐（木棉豆腐）或是嫩豆腐（約 800 公克）
- 1 把水芹
- 1 片昆布海帶（約 10 公分）
- 1 湯匙的料理用清酒
- 1 撮鹽

醬汁

- 1/2 杯醬油
- 2 湯匙料理用清酒
- 2 湯匙味醂
- 1/2 杯柴魚片

可以額外添加的配料

- 蔥段
- 磨碎的薑
- 七味粉
- 柚子胡椒

烹調器具

- 砂鍋

湯豆腐
以辛香料與湯汁烹煮的豆腐

1 準備昆布日式高湯。砂鍋或是燉湯鍋中裝入大約 800 毫升的水，放入昆布海帶浸泡 30 分鐘，或者要是你沒有時間泡，就放在水中用非常小的火烹煮。

2 準備醬汁。除了柴魚片之外的所有材料都放入小鍋中烹煮。煮沸時，加入柴魚片。用筷子攪拌然後繼續烹煮 1 到 2 分鐘。把醬汁倒入小碗中，無須過濾。

3 豆腐切成 6 塊。水芹洗淨並稍微切一下。把昆布高湯煮滾，加入清酒和一撮鹽。湯滾時加入豆腐塊。幾分鐘後，豆腐煮熱時，加入水芹還有你所選擇的其他配料。把豆腐盛入 4 個碗中，然後在每個碗內淋上醬汁。

映画の料理

《淺田家！》

『浅田家！』
中野量太 2020 年日本上映，2023 年法國上映

改編自淺田政志的真實故事，這部電影描述的是
這位充滿熱情的專業攝影師的人生故事，從他最
初開始接觸攝影，到他成名，然後在 2011 年的
海嘯過後，他前往災區探詢失蹤者的經過。這位
攝影師的主題只有一個，就是他的家人。他身邊
的至親，從母親到哥哥，他用攝影把他們放在
一千零一種情境中，讓他們變得不朽，透過變裝
假扮，呈現出一種幻想出來的夢想人生，完全脫
離常軌：一下子是拉麵店的員工、一下子是消防
隊員、夢想成為的一級方程式賽車手，或是搖滾
樂團藝人……無懈可擊的樂觀、分享歡樂、互助
之情，還有攝影所擁有的意料之外的美德，自始
至終貫穿整部電影，時而好笑，時而感人，而片
中出現的日本食物，也對本片所散發溫暖而真實
的氛圍有所助益……就好像他們家老爸，為摯愛
的家人細心烹調的那些美味的料理。

每一種咖哩飯都擁有屬於自己的祕密食材，好讓這道食譜帶有個人色彩。這裡的祕密食材就是磨碎的蘋果。

《淺田家！》

4 人份
準備時間：15 分鐘
烹調時間：30 分鐘

材料 Ingrédients

- 450g 白米（見 p.9）
- 400g 嫩一點的牛肉（像是菲力）
- 2 根胡蘿蔔
- 2 顆中等大小的馬鈴薯
- 1 顆洋蔥
- 10g 薑
- 1 粒大蒜
- 1/2 顆蘋果
- 1 湯匙油
- 600ml 水
- 100g 日式咖哩塊

咖哩飯

1 準備料理米飯，把飯煮好（見 p.9）。

2 把胡蘿蔔、馬鈴薯與洋蔥去皮。胡蘿蔔切成 2 公分左右的塊狀，馬鈴薯切成中等大小的方塊。洋蔥切成兩半，然後再把每一半切成厚度約 5 公釐的薄片。把牛肉先切成 3 公分的厚度，然後再切成方塊。薑與大蒜去皮然後磨成泥。蘋果削皮、去核，然後用粗的刨絲器刨成絲。

3 燉鍋內倒入油，加入肉塊然後煎至上色。加入洋蔥，並以中火炒 3 分鐘。加入胡蘿蔔、馬鈴薯塊、蘋果絲、大蒜和薑，拌炒均勻。倒入水，燉鍋蓋上鍋蓋，將火轉小，煮上 20 分鐘左右，直到蔬菜熟軟。

4 將咖哩醬塊切成小丁，然後放入鍋中，讓湯上色並且變濃稠。再煮 5 分鐘。

5 把煮好的米飯和咖哩分裝在 4 個盤子中。

《海鷗食堂》

『かもめ食堂』
荻上直子，2006 年

幸江是一位移居到芬蘭的單身日本女性，她在那裡開了一家小餐廳。儘管餐廳開了一個月都沒有接待過半位顧客，還是沒有削弱她的決心……反倒是不久之後，餐廳為她慢慢吸引來了一些，有時候有點迷失、過來暫求庇護的主要人物。這部電影原始片名的意思是「海鷗咖啡館」，所講的故事圍繞著這些人物慢慢建立起來的關係，他們時而討人喜愛，時而荒謬，總是很輕鬆，有時候還很搞笑，而從他們的交流當中凸顯出的是，文化震撼與刻板印象，而這兩個主題正是女導演荻上直子非常鍾愛的主題。一部既溫柔又迷人的喜劇，在日本被歸類為「治癒系（癒し系）電影」，要知道這種「讓人痊癒，讓人心裡得到安慰的電影」作品典型，就是呈現出平靜的生活與令人感到舒緩的環境。誰不夢想著自己哪天也能去赫爾辛基待上一會兒，在海鷗咖啡館中品嘗幸江做的御飯糰呢？

《天氣之子》

『天気の子』
新海誠，2019 年

森嶋帆高是一位年輕的高中生，他離開自己居住的島嶼前往東京。為了在這個自己才初來乍到的城市叢林中養活自己，他答應為一本專門貢獻於超自然和神祕科學的雜誌撰稿。此時日本正經歷一場怪異的、史無前例的雨季，他受命調查所謂的天氣巫女，儘管他自己並不太相信這種傳說。然而，他與熱誠又意志堅定的少女天野陽菜的相遇，卻即將改變自己的人生方向：她剛好確實擁有讓雨停下來、讓天空放晴的超能力。陽菜這位「晴女」特別為帆高做了一道自己拿手而且非常獨特的炒飯……其中加入的鹽味海苔洋芋片的那一丁點海苔，為炒飯增添了風味與原創性。這部發生在兩位青少年之間的浪漫愛情故事，以極具詩意的生態寓言作為背景，是集編導於一身的新海誠的作品，自 2016 年以來，他就因為《你的名字》這部在國際上大受歡迎的動畫傑作而廣為大眾所熟知。

映画の料理

一道著名的日本料理，而且變化多端，也有另外一個名稱為「omusubi」（おむすび）。

《海鷗食堂》

4 人份（8 顆米飯丸子）
準備時間：20 分鐘
烹調時間：15 分鐘
放置時間：30 分鐘

御飯糰
米飯丸子

材料 Ingrédients

- 450g 日本米（見 p.9）
- 3 張海苔

第一種飯糰
- 80g 原味鮪魚（罐頭）
- 1 湯匙美乃滋
- 1/2 咖啡匙醬油
- 1/5 咖啡匙芥末（也可省略）
- 鹽

第二種飯糰
- 1 湯匙柴魚片
- 1 湯匙醬油
- 1/2 咖啡匙芝麻油

1 準備做飯糰。第一種飯糰的餡料：將瀝乾的罐頭鮪魚放入碗中，弄碎，並跟美乃滋、芥末和醬油攪拌均勻。包上保鮮膜保留備用。第二種飯糰的餡料：將所有材料放入碗中攪拌均勻。

2 準備包第一種三角飯糰。使用還熱的米飯。先在砧板上放置一塊方形的保鮮膜。將 1/8 份的米放在中間，以湯匙攤開。將 1/5 份的鮪魚拌醬放置在中央，然後將每一邊的保鮮膜往中間包起來，並且用手把保鮮膜邊在上方扭緊。然後再用手按壓每一邊以做出完美的三角形。拿掉保鮮膜。輕輕撒上少許鹽。用同樣的方法做出另外 3 顆飯糰。最後再用剩餘的 1/5 的鮪魚醬抹在飯糰上方。

3 準備包第二種三角飯糰。按照先前的步驟，來包出 4 個三角飯糰，取第二種飯糰的 1/5 餡料取代鮪魚醬，各放在每一個飯糰的飯上。然後重複用保鮮膜包起來塑形成三角形。最後在每個飯糰上方塗上剩下的 1/5 的餡料。

4 將海苔橫切成 3 條。用海苔片從中間包裹住每個飯糰，並把邊邊摺起來。把飯糰漂亮地擺放在盤子上上菜。

這道炒飯的作法簡單，是《天氣之子》中，女主角的招牌料理之一。

《天氣之子》

材料

Ingrédients

- 100g 蘑菇
- 1 個洋蔥
- 4 片火腿
- 700g 飯（見 p.9）或 300g 生米
- 20g 洋芋片
- 1 湯匙醬油
- 植物油或橄欖油
- 鹽、胡椒

裝盤配料
- 一些豌豆苗或是香菜
- 12 片洋芋片
- 4 個蛋黃

洋芋片蔬菜炒飯

1 拔掉蘑菇的蒂，然後把蘑菇和菇蒂都切成小丁。洋蔥剝皮後切碎。火腿片切碎。先在鍋中加入橄欖油，然後炒洋蔥。再加入蘑菇、火腿片、米飯、醬油一起炒，用鹽和胡椒調味。加入用手捏碎的洋芋片。

2 在每個盤子裡放入 1/4 的炒飯。在炒飯的中央弄出一個小凹洞，然後放上一粒蛋黃。重複這個作法裝好其他 3 盤炒飯。

3 在每盤炒飯的蛋黃周圍撒上豌豆苗，然後在炒飯旁邊加上 3 片洋芋片。

《茶泡飯之味》

『お茶漬の味』
小津安二郎，1952 年日本上映，1994 年法國上映

相親結婚的妙子和茂吉結婚很久都沒有小孩，兩人過著愈來愈貧乏的夫妻生活，彼此之間的交流與分享也減少到了最低限度。丈夫埋首於工作，妻子卻把他歸類為她所稱的「悶葫蘆」，覺得他令人沮喪，而且一有機會她就跟閨密溜出去玩。然而當茂吉臨時為了工作必須到國外出差時，妙子才真正意識到丈夫在她的生活中占有著不可取代的位置。他們隨後就以茶泡飯慶祝出乎意料的團聚，而在這個動人的關鍵場景中，他們在半夜裡輕手輕腳地一起準備茶泡飯，尋找著食材與器皿，然後一起分享他們做出來的這道傳統料理。儘管主題頗為嚴肅，這部電影還是充滿喜劇的氣氛，輕鬆又帶著令人愉悅的漫不經心，非常仔細地展現出日常生活的細節，簡單真實又細膩地描繪了一對看起來個性南轅北轍的日本夫婦。

《魔法公主》

『もののけ姫』
宮崎駿，1997 年日本上映，2000 年法國上映

在 15 世紀中的日本，年輕的弓箭手阿席達卡在殺死一頭變成邪魔的野豬神後，成為詛咒的受害者。他出發去尋找唯一能夠為他解除詛咒的鹿神，卻身不由己地被捲入代表其成長的魔法森林的年輕魔法公主小桑，以及領導著煉鐵村莊、剝削並毀壞林地的女性強人黑帽大人之間的戰爭。這部動畫電影具有扎實的劇情，既豐富又黑暗的複雜人物，他們在一個充滿符號的泛靈世界中，圍繞著一些具有普世價值的議題而演變，像是人類與環境的關係、衝突期間的暴力加劇，還有女性的狀況、工作的價值，或是寬容等議題。這是一部了不起的大作，時而暴力，時而詩意，繼承了日本的「時代劇」，也就是宏大且史詩般的歷史劇之最純粹的傳統。

一道輕鬆而且大眾化的庶民料理，料理起來恰如其名，就是用茶去泡，有各種可能的版本與多樣的配菜。

《茶泡飯之味》

- 4 碗飯（見 p.9）
- 2 塊厚切鮭魚肉
- 1/2 片海苔，撕成小片
- 1/5 把切碎的細香蔥
- 2 湯匙烤過的白芝麻粒
- 芥末（也可省略）
- 綠茶或日式高湯（見 p.7）

鹽漬鮭魚的佐料
- 200ml 水
- 2 湯匙鹽
- 1 湯匙糖

茶泡飯
米飯與茶

1 鮭魚肉縱切成兩半，放入塑膠袋中，加入細鹽、糖，倒入水，然後醃漬一夜。倘若你沒有時間醃漬鮭魚，那就把 2 湯匙細鹽直接抹在鮭魚鹽漬，然後在冰箱中放置 15 分鐘，再用水洗去多餘的鹽。

2 用廚房紙巾將鮭魚拭乾，然後放入烤箱以攝氏 180 度烤 10 分鐘。烤熟後，去掉魚皮和魚刺，用叉子把魚肉弄碎。

3 在裝好飯的碗中放入鮭魚碎肉、撕成小片的海苔、芝麻粒與細香蔥這些配料。倒入熱茶或高湯。配上芥末一起食用（也可以省略）。

對於喜歡義大利燉飯與日式風味的愛好者而言是一種理想組合……可以依照個人喜好用壽司米來取代義式燉飯用的米。

《魔法公主》

材料
Ingrédients

- 150g 白米
- 1L 水
- 2 湯匙日式高湯粉
- 1/2 把細香蔥
- 50g 味噌醬

烹調器具
- 湯鍋或砂鍋

日式燉飯

1 準備處理米。在碗中以冷水洗米，用手攪動米粒，然後迅速把水倒掉。重複這個動作直到水變得清澈。將米瀝乾後放入砂鍋中，加入用來煮飯的 1 公升水和日式高湯粉。靜置 30 分鐘至 1 個小時，直到米粒變成白色（一開始會是透明的）。

2 蓋上砂鍋的鍋蓋，用大火烹煮米飯，煮到沸騰之後轉成小火，然後在微滾的狀態下細火慢燉 30 到 45 分鐘。

3 等到米飯煮熟便熄火，用溼潤過的木鏟攪拌。切好細香蔥，然後拌入米飯中。

4 把味噌醬放入湯勺中以少許米湯化開，然後倒入砂鍋中，與米飯混合在一起。

5 分裝在 4 個碗中，立即上菜。

《激辛道》

『ゲキカラドウ』
多位導演，2021 年

猿川健太是大阪一家飲料公司的業務員，被調職到了東京。他遇上了對於認識他、助他融入該部門都興致缺缺的新同事……還承接了最難搞的客戶。他的新上司，谷岡和彥，是個極辣料理的愛好者，在其影響之下，他決定開始探索這種「激辛」美食。透過這種漸進式的練習，同時也拜其談判天分所賜，他得以明顯地改善了他所代表的東京分公司的銷售額，也因此拐彎抹角地認識了他的各個同事。這部影集到 2023 年總共播出了24 集，在每一集當中，都藉機讓大家發現一道超辣料理：當然這樣的狀況在日本的傳統中其實是出乎意料而且異於尋常的，不過這樣的設定與每道菜的品嘗過程，卻讓故事的情節與演員的表演都變得更為滑稽、可愛又爆笑。

《言葉之庭》

『言の葉の庭』
新海誠，2013 年日本，2014 年法國

住在東京的 15 歲高中生孝雄，想要成為製鞋師學徒。愛作夢又獨來獨往的他，有一天曉課時，躲到國民公園新宿御苑去畫鞋子的設計圖。就在那裡，他遇到了比他年長 12 歲的神祕女教師雪野，她也是為了逃避工作上的問題才躲到公園裡來。在彼此沒有相約的情況下，他們在公園裡又巧遇了好幾次，而且總是在下雨的早晨。在靦腆、笨拙、期待與猜疑之間，他們最後漸漸地向彼此敞開心扉，而且最特別的是，孝雄還為她製作了一雙鞋子，這也是對於他們剛剛萌芽的關係具有多重意義的象徵和隱喻……這部非常細膩、十分具有詩意的動人中長片，是新海誠的一部動畫電影，始終帶著溫柔、細膩與寫實的色彩……就連影片中在料理那道多汁的番茄蔬菜中華風蕎麥冷麵（冷やし中華そば）時，畫面都是那麼的雋永不朽。

映画の料理

字面上的意思就是「隨你所好地烤」，這道美味的日本鹹煎餅在大阪尤其受到大眾喜愛，可以依照每個人所喜好的口味來選擇配料。

《激辛道》

4人份
準備時間：15 分鐘
烹調時間：10 分鐘

材料
Ingrédients

- 400g 包心菜
- 1/4 根白韭蔥
- 200g 魷魚
- 植物油
- 200g 生去殼甜蝦
- 大阪燒醬
- 美乃滋
- 紅辣椒粉
- 綠色墨西哥辣椒（jalapeno）醬
- 4 支紅辣椒

麵糊
- 400g 麵粉
- 400ml 冷日式高湯（見 p.7）
- 4 顆蛋

大阪燒
加辣包餡的煎餅

1 把包心菜跟韭蔥切碎。魷魚洗淨，然後切成小塊。

2 準備麵糊。在碗中放入麵粉，加入冷高湯和雞蛋，用打蛋器攪拌均勻。加入包心菜和韭蔥。

3 平底鍋中倒入少許油加熱。倒入麵糊，然後放上魷魚和蝦。用中火烹調大約 5 分鐘，直到煎餅呈金黃色，隨即翻面。將另一面也烹調 5 分鐘左右，然後放入盤中。

4 在煎餅上塗抹大阪燒醬還有美乃滋。撒上紅辣椒粉，然後在中央加上少許綠色墨西哥辣椒醬和一支紅辣椒。

材料
Ingrédients

- 100g 蘑菇
- 1 顆洋蔥
- 橄欖油
- 700g 白飯（見 p.9）或 300g 生米
- 120ml 番茄醬
- 鹽
- 胡椒

煎蛋卷
- 8 顆蛋
- 4 湯匙的牛奶
- 1 湯匙的蔗糖
- 植物油或橄欖油
- 胡椒
- 1 撮鹽

配菜
- 8 顆櫻桃番茄
- 切碎的歐芹
- 嫩沙拉葉

上菜時附上
- 番茄醬

烹調器具
- 不沾平底鍋

蛋包飯
包裹在一片薄煎蛋皮內的番茄醬炒飯

1 先把蘑菇的蒂拔下，然後再把菇跟蒂都切成小丁。洋蔥剝去皮，然後切碎。在平底鍋中放入橄欖油，然後炒香洋蔥。加入蘑菇、米飯一起炒，然後用鹽和胡椒調味。倒入番茄醬拌勻，然後將炒飯分成 4 份。

2 準備煎蛋卷。將 2 顆雞蛋打入一個大碗中，加入 1 湯匙牛奶、1/4 湯匙的蔗糖，用鹽與胡椒調味，然後將混合物打散拌勻。平底鍋加入油，以中大火加熱。倒入混合好的蛋液。在煎蛋卷還有點流汁（未完全凝固）的時候，在中間加入一份的炒飯。把煎蛋卷的兩邊捲起來蓋在米飯上。接著用一個盤子蓋在平底鍋上面，然後翻鍋把蛋包倒入盤中。在蛋包飯上擠上番茄醬，撒上歐芹，然後在蛋包旁邊放上 2 粒櫻桃番茄與嫩沙拉葉。重複一樣的作法，把另外三份做完。

映画の料理

甜點與茶

這種三明治很可能是 1920 年代在京都被創作出來的，《舞伎家的料理人》的女主角季代做的水果三明治就真的很成功，她把草莓和柳橙結合得盡善盡美，讓屋形的住民們吃得非常開心。

《舞伎家的料理人》

材料 Ingrédients

- 18 粒草莓
- 4 塊去核對切的罐頭水蜜桃
- 1 個柳橙
- 冰塊
- 8 片吐司麵包
- 幾片薄荷葉

- 發泡鮮奶油
- 400ml 鮮奶油（乳脂含量 35%）
- 40g 糖粉

水果三明治
以當季水果與塗抹上發泡鮮奶油的吐司麵包做的三明治。

1 草莓去蒂。把每塊去核對切的水蜜桃再切成 4 塊。柳橙的兩頭切掉，然後用手剝掉皮。把果瓣分開，然後剝掉外層的薄膜，只留下果肉。放在鋪了吸水廚房紙巾的盤子上備用。

2 在一個大料理分盆中放入冰塊，然後倒入水至半滿的高度。將鮮奶油與糖倒入另一個較小的料理盆裡，再放入裝了冰塊水的大料理盆中。使用電動攪拌器將混合物輕輕打發。

3 在每一片吐司麵包的一面上塗抹鮮奶油。保留少許奶油用來覆蓋在水果上。將水果擺放在鮮奶油上，根據所欲將三明治切成兩半的方式，平均排列水果：可以從對角線斜切成三角形或是對切成長方形。用奶油覆蓋填補水果之間的縫隙。蓋上另一片塗抹好鮮奶油的吐司麵包，塗了奶油的面朝內。將三明治用保鮮膜包起來，放入冰箱裡冷藏 1 個小時。然後取出三明治，拿掉保鮮膜，再按照原本預期的方式把三明治切成兩半。先用熱水沖洗過刀子再切下一片。切掉吐司麵包的邊，好讓水果顯露出來。

在《舞伎家的料理人》這部影集中，當鶴駒在享用這道甜點時，她臉上的表情便已經把這道甜點所帶來的味覺享受訴說得一清二楚！是一個很適合讓周日的早午餐變得更完美的創意點子，可以營造出彷彿窩在繭裡面的舒適氛圍⋯⋯

《舞伎家的料理人》

材料 Ingrédients

- 4 片吐司麵包
- 4 顆雞蛋
- 80g 糖粉
- 2 滴香草精
- 300ml 全脂牛奶
- 2 湯匙的無鹽奶油（烤盤上油使用）

焦糖醬

- 2 湯匙的糖粉
- 1 湯匙室溫狀態的水
- 1 湯匙熱水

烹調器具

- 4 個焗烤用小砂盅，或是一個具有 800ml 容量的大烤盤

布丁麵包

1 烤箱預熱至攝氏 180 度。

2 準備做布丁麵包。將焗烤用小砂盅或是大烤盤塗上奶油。把每片吐司麵包都切成小塊，然後把麵包塊分散放入烤盤，每一塊之間都要有間隔。

3 在一個中等大小的碗中打入雞蛋，加入糖，然後打散至充分混合。加入香草精，然後一點一點地倒入牛奶，並將整體攪拌均勻。

4 攪拌好的汁液倒入吐司麵包塊的底部。稍微等一下，讓麵包塊吸收汁液，然後再把剩下的倒完。

5 放入烤箱中央的烤架上，烘烤 20 到 30 分鐘，直到表面呈金黃色。

6 準備焦糖醬。在烘烤快要完成前（最後 5 分鐘），把糖和室溫水放入一支不鏽鋼單柄鍋中，然後用中火加熱，不用攪拌，直到糖粉液化。等糖粉融解，就把火轉成中大火：此時混合液會開始冒泡泡，你可以輕晃單柄鍋。當糖液開始焦糖化時，會出現愈來愈多的泡泡。等到糖液變成深琥珀色時，便將鍋子離火。用勺子倒入熱水，以免讓自己燙傷。輕輕晃動鍋子，直到糖色愈變愈深。

7 將焦糖淋在烤好的布丁麵包上。

這種美味的甜湯富含鐵和磷，是日本傳統的
甜食料理之一。

《舞伎家的料理人》

Ingrédients / 材料

麻糬糰子
- 200ml 水
- 200g 麻糬用糯米粉

紅豆湯
- 250g 甜紅豆餡
- 300ml 水

御汁粉
紅豆麻糬湯

1 準備做麻糬糰子。在碗中把糯米粉跟水混合在一起，然後揉勻。接下來，用手把糯米糰搓成直徑大約 3 公分的小丸子。

2 把丸子放入一鍋沸水中烹煮 3 分鐘左右。等到丸子浮起來時，再煮一分鐘即可。將丸子浸入冷水中，然後瀝乾。

3 準備紅豆湯。將紅豆餡放入鍋中，然後倒入水。煮到沸騰，加入糯米糰子，然後加熱 2 到 3 分鐘。

4 分裝到碗中。

日本柚子具有非常獨特的味道，介於葡萄柚、萊姆檸檬與柑橘之間，在這款非常受歡迎的茶飲中，完美地與葛根的眾多優點互相結合。

《澪之料理帖》

材料
Ingrédients

- 80g 日本柚子果醬或 5 湯匙楓糖漿或蜂蜜
- 30g 有機葛根粉（有機商店賣的日本澱粉）或是玉米澱粉
- 800ml 水
- 生薑切片（也可省略）

葛根柚子茶

1 葛根粉放入鍋中，然後倒入水。邊煮邊用鏟子不停地攪拌，煮到沸騰，然後把火轉小。繼續讓它滾到湯變得透明。離火，然後加入柚子果醬。

2 將茶倒入杯中。加入幾片生薑片。

《日日是好日》

『にちにちこれこうじつ』
大森立嗣，2020 年

這部電影是改編自茶道老師森下典子的自傳式故事。原本打算從事出版業的年輕女大學生典子，跟表姊美智子在橫濱的一間傳統老屋中，一點一點地開始學習茶道藝術。最初她對茶道的緩慢與數不清的規則感到疑惑，後來她在要求嚴格卻十分睿智的茶道老師武田女士的古老手勢中，發現了這種一絲不苟的傳統所具有撫慰人心的好處。而且儘管她對自己缺乏自信，有懷疑也有失敗，然而年復一年下來，她也改變了自己對人生的看法。「每一天都是好日子」，這部電影如此提醒我們，如同一個不斷重現的主題：像技藝那樣的重複，去關注生活與其最微弱脈動。這是一個邀請，藉著女主角學習這個千年傳統的過程，讓我們在一個不斷更新的、精緻、細膩又考究的溫暖氛圍中，短暫地品味當下、四季更迭與時間的暫停。

《戀戀銅鑼燒》

『あん』
河瀨直美，2015 年日本上映，2016 年法國上映

千太郎在東京獨自經營一間傳統甜點小鋪，販賣銅鑼燒。這種日本特有的甜點是由兩片鬆餅包著一種糖漬紅豆餡所組成，話說這部電影的原始片名就單單只用了「餡（あん）」這個字。76 歲的德江老太太堅持要跟千太郎店長一起工作，還帶來用自己的配方做的、具有無與倫比美味的紅豆餡讓他品嘗。她那風味十足的紅豆餡，是靠慢工與辛苦的細活做出來的，這讓小鋪的生意很快就獲得必然的成功，直到兩位主角的過往追上了他們，然後很可惜地，把他們遠遠帶離了這個滿懷希望的開端。這是一個溫柔、感人的故事，關於工業化的快速生產與手藝技能的傳承……一首歌頌耐心的讚歌，對於那些被社會拋下的人，與社會上根深柢固的偏見，也提出了極為人性化又感動人心的審視。近年來，麻糬、銅鑼燒等等這類精緻又美味的日式甜點，能在法國變得廣為人知，應該也是拜這部電影之賜。

映画の料理

一種精緻的傳統春季糕點，能讓我們在口中延長，櫻花這種日本櫻桃樹花朵所能散發的所有魅力。

《日日是好日》

櫻餅
佐茶食用的糕點

材料 Ingrédients

- 100g 低筋麵粉
- 30g 白砂糖
- 10g 糯米粉
- 140ml 水
- 1 撮有機食用色素：粉紅色
- 200g 紅豆餡
- 8 片鹽漬櫻花葉

烹調器具

- 不沾平底鍋

1 在一個碗中，篩入低筋麵粉，然後混入白砂糖。

2 在另一個碗中，用打蛋器把糯米粉與水拌勻。然後再加入先前拌好糖的麵粉，還有一小撮食用色素。一直攪拌到混合物的質地均勻。蓋上保鮮膜，然後在室溫下靜置 30 分鐘。

3 將紅豆餡分成 8 等分，然後揉成橢圓形，隨即用保鮮膜包起來。

4 用小火加熱平底鍋，接著倒入 1 湯匙麵糊，並用湯匙的背面攤成直徑 10 公分的碟形圓片。當麵糊凝固不再是會流動的液態時，將煎餅翻面煎熟，但是不要讓它上色。煎好後，蓋上保鮮膜以免讓煎餅變乾。重複同樣的作法，完成其他 7 片煎餅。

5 在每個煎餅中央放上 1 粒橢圓形紅豆丸，然後把煎餅捲起來（像捲牛角麵包那樣），再用鹽漬櫻花葉包起來。

6 將櫻餅搭配抹茶一起享用。

著名的日本糕點，由兩片鬆餅組成，裡面包著滿滿的紅豆餡，就是一種美味的紅豆沙。

《戀戀銅鑼燒》

材料 Ingrédients

- 油
- 360g 已經做好的紅豆餡（煮熟並加了糖的紅豆沙）

鬆餅麵糊
- 200g 麵粉
- 1 咖啡匙的泡打粉
- 3 顆雞蛋
- 80g 糖粉
- 1 湯匙蜂蜜
- 80ml 水

銅鑼燒

1 準備鬆餅麵糊。在碗中，邊過篩邊放入麵粉和泡打粉。在另一個碗中，將蛋與糖打發，直到呈白色。將蛋 / 糖混合物一點一點地倒入麵粉當中，一面攪拌。一直拌到麵糊變得光滑又均勻。靜置大約 15 分鐘。將蜂蜜與水攪拌均勻，然後拌入先前拌好的麵糊中。

2 不沾平底鍋加入少許油燒熱。放入幾坨直徑約 8 公分的小圓碟形麵糊，然後用非常小的火去煎。當表面出現一些小洞孔時，將鬆餅翻面，再煎大約 3 分鐘。繼續重複同樣的作法，直到煎好總共 16 個鬆餅。

3 在 8 個鬆餅的中央塗抹上 2 湯匙的紅豆餡，然後蓋上另一片鬆餅。重複這個動作，做完其他的銅鑼燒。

《男人真命苦》

『男はつらいよ』
山田洋次，1969 年日本上映，1994 年法國上映

哪一部系列電影是被列入金氏世界紀錄，影史上最長的系列電影？而且還遙遙領先，比如說，總共 25 部的 007 詹姆士・龐德系列電影？然而答案是在法國鮮為人知的《男はつらいよ》（Otoko wa tsuraiyo），也就是《男人真命苦》……這個系列從 1969 年到 2019 年陸續拍攝了共 50 部電影，而且是由單一一位導演所創下的壯舉。主角是綽號阿寅（寅さん）的車寅次郎，他的個性瘋瘋癲癲，又浪跡天涯，是個舌粲蓮花又喝酒成癖的流動攤販。他在闊別數十年之後回到老家，父親已經去世，只留下了妹妹阿櫻一個人。他的舉止粗魯與笨拙，最後總會讓他再度離開家人，然後隨著每一部續集電影又再次回到家中……好迎向新的磨難與失戀。這位總是樂天又滿懷熱情的悲喜劇主人翁，足跡隨著每一集踏遍全國各地，在日本非常受大眾喜愛。

《甘太朗：愛吃甜食的上班族》

『さぼリーマン甘太朗』
多位導演，2017 年

飴谷甘太朗是一家出版社的業務員。對甜點成癮的他，為了滿足這種癮頭而過著雙重生活：他會用最快的速度來完成拜訪客戶的業務，好讓自己在拜訪兩家書店之間可以大快朵頤地享用美味的甜食。他因此而盡最大可能地探索了最多間（真實存在的！）東京地區的甜點店，並且還將經過記錄下來，在自己的部落格上發表，用的是一個充滿希望的筆名……「Sweets Knight」──甜食騎士。這部經常出現荒誕場面的影集，是由歌舞伎演員尾上松也來詮釋主角人物，他在第一季的 12 集當中就連續吃了巴伐利亞奶油、鬆餅、餡蜜或是萩餅，總共至少 12 種甜點。每一集當中，在探索甜食的所在地之後，甘太朗在享受了美食的歡愉後，都會讓他在腦海中上演一段內心小劇場，而且當他在水果中經歷美食高潮，或者是在糖漿與鮮奶油的波浪中瘋狂亂舞時，就會把自己投射到其中……其實這是在故意營造極其異想天開的氣氛中，透過一連串瘋狂爆笑的場面，對「美食色情照」（pornfood）所表達出某種特別的致意。

映画の料理

這種麻糬串是日本非常受大眾歡迎的甜鹹味丸狀甜點，根據地區與季節的不同，具有眾多不同的版本。

《男人真命苦》

材料

Ingrédients

麻糬串（16 粒糰子）
- 120g 糯米粉
- 120ml 水

御手洗醬料
- 4 咖啡匙醬油
- 2 湯匙蔗糖
- 100ml 水
- 1 湯匙玉米澱粉（或是馬鈴薯澱粉）

烹調器具
- 不沾平底鍋
- 4 根竹籤

御手洗糰子
淋上醬油糖漿的麻糬串

1 準備做麻糬糰子：在碗中把糯米粉跟水混合在一起，然後揉勻。接著用手把糯米粉麵團搓成直徑大約 3 公分的小丸子。

2 把丸子放入一鍋沸水中烹煮 3 分鐘左右。等到丸子浮起來時，再煮一分鐘即可。將丸子浸入冷水中冷卻，換水的時候請不要猶豫，才能讓丸子確切地冷卻下來。瀝乾水分，然後把丸子放在架子上晾乾，大約 15 分鐘。

3 用竹籤把 4 粒糰子串成一串。串好的糰子串放在平底鍋裡乾煎上色，然後放在盤子上。

4 準備做御手洗醬。在小單柄鍋中倒入水，與玉米澱粉拌勻，加入醬油和糖。用中火烹煮，一面用打蛋器不斷地攪拌，然後煮沸。當醬汁變得透明又濃稠滑順時，將鍋子離火。

5 在糰子串上面塗抹醬汁。

《甘太朗：愛吃甜食的上班族》這部影集中，在第一集出現作為故事場景的「甜味處初音」，是一家長久以來一直致力於傳統甜點的糕點店，供應眾多種以紅豆為基底的甜點。

《甘太朗：愛吃甜食的上班族》

材料
Ingrédients

- 4 塊去核對切的罐頭水蜜桃
- 1 顆克里曼丁紅橘（譯註：就是一種小柑橘）
- 4 粒罐頭櫻桃
- 4 粒草莓
- 1 顆奇異果
- 4 湯匙甜紅豆餡
- 1 球冰淇淋

黑蜜（蔗糖糖漿）
- 100g 蔗糖，深色細沙糖或是黑糖皆可
- 80ml 水

洋菜凍方塊
- 4g 洋菜
- 500ml 水
- 1 湯匙白砂糖

烹調器具
- 方形模具

餡蜜
澆上糖漿的洋菜凍與水果

1 準備做黑蜜。在一個小單柄鍋中，倒入水和蔗糖。用中火煮沸，然後將火轉小。繼續煮 5 分鐘左右，直到糖漿變濃稠。離火放著讓糖漿冷卻。

2 準備做洋菜凍方塊。將水、洋菜和白砂糖倒入鍋中。邊煮邊用打蛋器攪拌。煮到沸騰後離火。倒入方形模具中，放著冷卻到室溫，然後放入冰箱冷藏 1 小時。

3 將水果切成小塊。

4 洋菜凍切成小方塊。分裝到碗中並加入水果。將 1 大湯匙的紅豆餡放在中間。附上黑蜜（蔗糖糖漿）一起食用。

在《甘太朗：愛吃甜食的上班族》這部日劇中，對於萩餅多種不同變化的口味都做了介紹，最經典的像是紅豆泥（こしあん）或是粒狀紅豆餡（つぶあん），但也有比較創新的口味，像是杏桃香草口味的萩餅……

《甘太朗：愛吃甜食的上班族》

材料
Ingrédients

- 350g 紅豆沙
- 50g 粗椰子粉
- 1 湯匙抹茶粉

米飯
- 150g 糯米
- 220ml 水

烹調器具
- 杵子

萩餅
紅豆沙糯米糰子

1 像煮白飯那樣地把糯米煮熟（見 p.9）。

2 煮好的糯米還熱時便放入碗中，用沾溼的杵子搗碎。

3 稍微把手沾溼，然後用手揉 12 粒小丸子。將紅豆麵團分成 12 份。

4 在砧板上，放置一塊方形保鮮膜。用湯匙的背面將一份紅豆沙鋪在保鮮膜中間，然後整形成直徑大約 10 公分的碟形。將糯米丸子放在中間，然後將每一邊的保鮮膜往中間包起來，並且把上方扭緊。在掌心中輕輕地轉動丸子，好做出圓滾滾的形狀。拿掉保鮮膜。重複同樣的動作，做出另外 11 顆丸子。

5 將 4 顆糰子裹上粗椰子粉。另外 4 顆撒上綠色的抹茶粉。剩下的最後 4 顆就讓它們只裹著紅豆沙就好。

映画の料理

索引

封面照片出自於《昨日的美食》　封底照片出自於《舞伎家的料理人》、《海街日記》、《龍貓》、《秋刀魚之味》

bon matin 152

映画の料理

作　　　者	原田幸代
譯　　　者	賈翊君
社　　　長	張瑩瑩
總 編 輯	蔡麗真
美 術 編 輯	林佩樺
封 面 設 計	謝佳穎
校　　　對	林昌榮
責 任 編 輯	莊麗娜
行銷企畫經理	林麗紅
行 銷 企 畫	李映柔
出　　　版	野人文化股份有限公司
發　　　行	遠足文化事業股份有限公司（讀書共和國出版平台）

地址：231 新北市新店區民權路 108-2 號 9 樓
電話：（02）2218-1417
傳真：（02）8667-1065
電子信箱：service@bookrep.com.tw
網址：www.bookrep.com.tw
郵撥帳號：19504465 遠足文化事業股份有限公司
客服專線：0800-221-029

特 別 聲 明：有關本書的言論內容，不代表本公司／出版集團之立場與
意見，文責由作者自行承擔。

印　　　務	江域平、黃禮賢
法律顧問	華洋法律事務所　蘇文生律師
印　　　製	凱林彩色印刷股份有限公司
初　　　版	2024 年 06 月 26 日

有著作權　侵害必究
歡迎團體訂購，另有優惠，請洽業務部
（02）22181417 分機 1124

"First published by Editions Gallimard, Paris Editions Gallimard, collection
Hoëbeke 2023"
Les images de films qui ponctuent ces pages sont uniquement publiées à des
fins illustratives des propos de l'auteur.
©Photo du film TAMPOPO réalisé par Juzo Itami,1985. Avec l'aimable
autorisation de Films Sans Frontières. Tous droits réservés.

國家圖書館出版品預行編目（CIP）資料

映畫的料理 / 原田幸代著；賈翊君譯 .-- 初版 .-- 新北市：野人文化股份有限公司出版：遠足文化事業股份有限公司發行，2024.06　184 面；21×25.8 公分 .--（bon matin；152）
ISBN 978-626-7428-73-3（精裝）　1.CST：食譜　2.CST：電影片
427.131

113006499

《映画の料理》作者想要感謝的人

Remerciements pour "La cuisine japonaise à l'écran"

Marie Baumann :
我要向妳致上無盡的感謝，謝謝妳對我的信心與開放的態度，並且給我實現這場冒險的機會。能夠與妳共事真的讓我感到非常驕傲又開心！
Merci infiniment pour votre confiance, ouverture et de m'avoir donné la chance de réaliser cette aventure. J'ai été vraiment fière et ravie de travailler avec vous !!

Louise Agrech :
謝謝妳總是滿懷耐心與善意地給予我那麼多的支持！
Merci d'être toujours patiente, gentille et de m'apporter autant de soutien !

感謝所有曾為《映画の料理》付出努力的人：
Merci à tous ceux qui ont travaillé sur cet ouvrage :

David Bonnier :
感謝你拍攝的美照，看起來總是那麼地美味！
Merci pour les belles photos, ça l'air toujours délicieux !

Sarah Vasseghi :
感謝妳的造型設計與創意。
Merci pour le stylisme et l'originalité.

Nicolas Beaujouan :
感謝你超棒而且有時候非常具有詩意的圖像創作。
Merci pour la création graphique sublime et parfois très poétique.

Sophie Greloux :
感謝妳對於排版與編輯所做的貢獻與珍貴的建議。
Merci pour votre travail et conseil précieux pour la mise en page et éditorial.

Pierre-Olivier Bonfillon :
感謝您為影片介紹所書寫的美好文字，突顯了本書所選入日本影視的意義，也讓這些電影的價值備受肯定。
Merci pour la grande qualité de l'écriture des textes de films qui ont confirmé l'intérêt des films japonais choisis, bien mis en valeur par vos textes.

然後我也沒有忘記阮盧克（Luc Nguyen）！！！！！我要謝謝你撥冗貢獻予我的時間，還有不吝給予我的所有建議！
et je n'oublie pas Luc Nguyen !!!!! Je te remercie de m'avoir consacré de ton temps et de m'avoir prodigué tous tes conseils!